昆虫の描き方
How to Draw Insects
An Introduction to Nature Observation II

自然観察の技法 II　　盛口　満
　　　　　　　　　　　　　Mitsuru Moriguchi

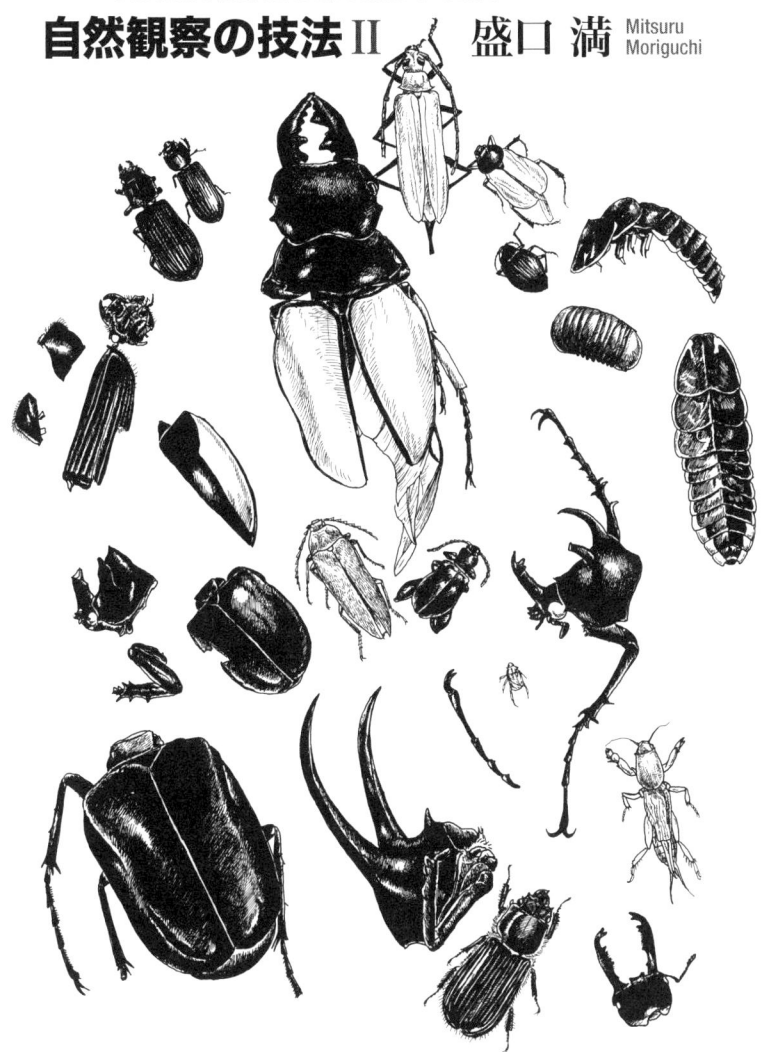

東京大学出版会

How to Draw Insects :
An Introduction to Nature Observation II
Mitsuru MORIGUCHI
University of Tokyo Press, 2014
ISBN 978-4-13-063342-0

はじめに

　僕の職業は理科教師である。もともと僕は埼玉の私立中・高等学校の理科教師だった。現在僕は、沖縄の小さな私立大学で教鞭をとっている。それ以外にも、ときどき、いろいろなところへ出張授業に出かけていく。たとえば小学校にも授業にいくことがある。小学校の3・4年生相手の授業はとても楽しい。僕は理科の中でも生物を専門としているが、3・4年生の子どもたちは、みな生き物が大好きで、生き物の授業を大歓迎してくれるからだ。僕がよく授業の教材とするのが、虫であるが、女の子たちも、教室に持ち込んだ生きた虫や標本を見て、大喜びをしてくれる。

　誰しも、思い返せば、小さなころは虫が好きだったのではないだろうか。しかし、多くの人は、成長とともに、虫に興味を持たなくなる。いや、キライになる人も少なくない。

　僕が現在居住しているのは、沖縄県の県庁所在地、那覇の街中である。南の島・沖縄といえども、戦後に復興した那覇は完全に都市化された環境となっている。度重なる台風被害に対抗して住居の鉄筋コンクリート化が進んでいるのと、毒蛇ハブへの警戒のためか藪の存在をきらうこともあって、緑地の少なさは東京以上ではないかと思うほどだ。僕の勤務先の大学も、こうした那覇の中にある。在籍している学生のほとんども、沖縄島の中南部出身者……つまりは同様に都市化された環境下で生まれ、暮らしている若者たち……で占められている。

　千葉出身の僕が沖縄に移住したのは、第一に沖縄の自然の豊かさに惹かれてのことである。が、それに加えて、沖縄で暮らしてきた人々と自然の関係に興味を持ったことにも要因がある。「おじい」「おばあ」と呼ばれる年輩の方々に、昔の暮らしについてたずねると、実にさまざまな生活体験が語られる。沖縄の農村部は戦前まではほとんど自給自足に近い暮らしがあたりまえ

だった。

　そのため、周囲の自然物を利用せずに暮らすことはできなかった。当然、身のまわりの木や草に関しても、「何に利用できるか」という目配りがなされており、年輩の方々は自然利用に関しての生活知・経験知を豊富に持っている。極端な例をあげるとすると、現在は天然記念物に指定されている、イリオモテヤマネコやジュゴンの「味」を覚えている「おじい」「おばあ」にも、出会うことができる。

　しかし、その沖縄も、戦後、急速な変化を遂げた。グローバル化の波は全国どこでも同様であろうが、年輩の方々の持っている伝統知を知ると、現代の沖縄の若者たちの自然離れとの間のギャップには驚かされてしまう。これも極端な例となるが、僕の担当していた沖縄出身の学生の中には、「カツオブシは木の皮である」と思っていた学生がいたほどである。

　僕は現在、初等教員養成課程の理科教育の授業を担当している。学生たちのほとんどは、「子どもが好き」という理由で進学してきている。が、入学時、「生き物、もしくは自然が好き」という学生はほとんどいない。いや、虫に関しては、多くの学生が「キライ」といってもいい。つまり、きわめて都市化された環境下で育ち、虫なんてキライと思っている学生たちが、日ごろ、僕が顔をつきあわせている相手である。そんな学生たちを対象として、虫の観察を主内容とした授業を開講している。なんとなれば、小学生の低・中学年の子どもたちは、いつの時代も、虫が大好きだからだ。

　授業では、構内や野外で虫を観察し、捕まえる実習をおこなっている。採ってきた虫は標本にする。さらには虫のスケッチもする。こうして実際に授業をしてみると、「虫ギライ」と思っていた学生も、案外、虫のことをおもしろがることに気づく。決して「虫ギライ」が治ったわけではないのだが、「キライと思っていた虫にもおもしろいところがある」と思うようになったということである。

　この本は、昔、虫のことが好きだった人がもう一度、虫のことをおもしろがりたいなと思ったとき、ひょいと手に取ってもらえたらと思って執筆をした。または、虫のことは苦手とも思うけれど、怖いもの見たさもあって、ちょっと興味があるという人も対象としている。都会に住んでいて、なかなか野外

で生き物を見ることができない人も多いだろう。そんな人に向けて、本書は野外に出る機会が少ない場合でも、絵を描くことで自然にふれることができるということを伝えたいとも思う。また、絵を描くといっても、それが虫の場合、どんなふうにするの？と疑問に思い、本書を手に取ってくださった方もいるだろう。そうしたもろもろの方々を対象に、昆虫採集案内でもなく、カメラの撮影指南でもなく、研究の手引きでもなく、少し違った角度から虫たちにアプローチする手法を案内したいと思う。

　ひょっとすると、本書を手に取ってくださった方の中には、前著『生き物の描き方』をお読みになってくださった方もいるかもしれない。すでに前著において、虫も含めた身近な生き物たちのスケッチの基本については紹介した。そのため、本書では前著で紹介した内容については、ごく簡単にふれるにとどめたい。本書で割愛している内容についてご興味のある方は、前著を手に取っていただけたら幸いである。

目次

はじめに 3

1 なぜ描くのか 9
- 1-1 好きな虫とキライな虫 9
- 1-2 虫と昆虫 11
- 1-3 なぜ昆虫スケッチなのか？ 14
- 1-4 昆虫スケッチの容易さ 16
- 1-5 モデルの管理 20
- 1-6 スケッチの道具 21

2 さまざまなスケッチ 25
- 2-1 「いろいろ」の魅力 25
- 2-2 オトシブミのスケッチ 28
- 2-3 輪郭スケッチ・模様スケッチ・細密スケッチ 31
- 2-4 生痕スケッチ 35
- 2-5 生態スケッチ 40
- 2-6 生態系スケッチ 45

コラム① 27　コラム② 40　コラム③ 49

3 昆虫の多様性と分類 51
- 3-1 昆虫の多様性 51
- 3-2 卵の多様性 53
- 3-3 「かたち」の共通点と意味 57
- 3-4 昆虫の仲間分け 63
- 3-5 ゴキブリの「れきし」 67
- 3-6 ゴキブリとシロアリの関係性 70

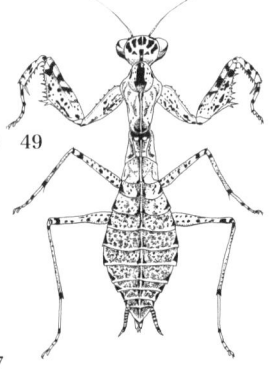

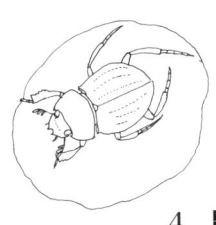

　　　3－7　昆虫の分類表　79
　　　コラム④　54　　コラム⑤　75

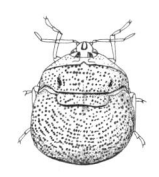

4　昆虫スケッチの画法　83
　　　4－1　甲虫のスケッチ　83
　　　4－2　チョウやガのスケッチ　94
　　　4－3　トンボ・セミ・カメムシのスケッチ　103
　　　4－4　バッタ・キリギリスのスケッチ　107
　　　4－5　アリのスケッチ　116
　　　4－6　そのほかの昆虫スケッチ　126
　　　コラム⑥　121

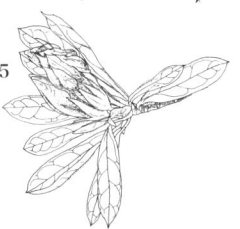

5　スケッチの応用　135
　　　5－1　白黒画の利点　135
　　　5－2　生態画　139
　　　5－3　彩色画　141

6　昆虫の多様性を見るとは——まとめにかえて　147

　　おわりに　151
　　参考文献　153
　　索引　155

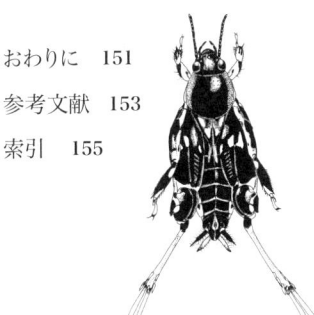

1 なぜ描くのか

1-1 好きな虫とキライな虫

　僕が大学で専攻をしていたのは、植物生態学という研究分野である。ちなみに、所属は生物学科であったのだが、僕の大学生活においては、虫についての授業はまったくといっていいほどなかった（唯一、教養のオムニバス形式の授業の中で、ハムシの専門家である大野正男先生が担当された授業を何時間か受講できた限りである）。つまり、僕の虫についての知識は、ほぼ独学である。

　大学を卒業した僕が就職した先は、埼玉の丘陵地に面した、雑木林に囲まれた私立の中・高等学校だった。その学校での、最初の理科の授業（中学1年生の授業だった）が、忘れられない。

　自己紹介をして、1年生の理科は生物分野から始めるよとガイダンスをして……。なんとか1時間の授業を終えた僕のところに、カツカツと足音を響かせて、教壇のところまで女子中学生がやってきた。そして、おもむろにいったのである。「あたし、虫とかキライだから、授業で虫とかやんないでよね」と。

　これは強烈だった。新米教師である僕は、「中学生は虫がキライであって、教材として扱ってはならないのだ」と素直に思い込んだ。

　しかし、やがて、そうではないことがわかる。

　必ずしも、生徒が「キライなもの」が教材に向かないということはない。それよりも、教材に向かないのは、生徒が「無関心なもの」である。きらわれものの虫は、きらわれているがゆえに、生徒たちの無関心の殻を打ち破る力を秘めているということに、やがて僕は気がつくことになるのだ。

　「虫がキライ」な中学生や高校生とやりとりをしていた僕は、現在、沖縄に移住し、「虫が好き」な小学生に授業をするようになっている。そのとき、

埼玉の私立学校での中学生や高校生とのやりとりが、ずいぶんと役に立った。「好き」であれ、「キライ」であれ、生徒たちの興味を惹く（言葉を変えれば、無関心の殻を破る）虫は、同じようなものたちであったからだ。では、どんな虫が生徒たちの興味を惹く虫であるのだろう。

　具体的な例をあげてみよう。那覇市内のK小学校の3年生の虫の授業でのやりとりを紹介したい。

　授業の中で、まず小学生たちに聞いたのが、「好きな虫はいる？」と「キライな虫はいる？」という問だ。さてここで、小学生たちが、それぞれの問に対して、具体的にどのような「虫」の名をあげたか、その名が思い浮かぶだろうか。

　K小学校3年3組の子どもたちが「好きな虫」として名をあげたのは、「アリ、オウゴンオニクワガタ、テントウムシ、バッタ、カナブン、トンボ、チョウ」であった。また、「キライな虫」として名をあげたのは、「ケムシ、ゴキブリ、ムカデ、チョウ、クモ、ゴキタブリ（＊後述；3-1参照）」であった。

　この日は3年生4クラスで授業をおこなったが、もちろん、クラスによって、「好きな虫」「キライな虫」として名があがった虫には多少の違いが見られた。「好きな虫」と「キライな虫」を問うやりとりのとき、どちらが盛り上がるかといえば、断然、「キライな虫」の名を聞いたときである。教室内の男子も女子も、ここぞと一斉に手をあげる。

　沖縄の小学校、30クラスにおいて、「キライな虫」の名を問うたときの回答を集計してみた。もっともよく名前のあがったのは、やはりゴキブリで、30クラス全クラスにおいて、その名があがった。以下、ムカデ（72％）、ケムシ（68％）、クモ（60％）、ハチ（12％）……というような順位で名があがる。

　この結果から、一般的な認識とはギャップがあるかもしれないが、生徒たちは、ゴキブリに対して、「大変、強い興味を持っている」といえるのではないかと、僕は思う。そのようなことに気づくようになって、僕はゴキブリについて調べ始めた。野外でゴキブリを捕まえたり、飼育観察をしてみたり。今現在も、家には、1種類ではあるが、ゴキブリを飼育中である。調べてみるとだんだんと愛着がわくもので、僕は虫の中でもゴキブリが一番といって

いいほど興味のある虫となってしまっている。本書の中でも、このあと、ゴキブリがかなりのスペースをさいて登場することになるのは、そのようなわけである。

1–2 虫と昆虫

　もう少し、「好きな虫」と「キライな虫」についての話を続ける。

　この問には、ときとして、思いもかけなかった回答が返されることがある。たとえば、K小学校における授業のおりにも、別のクラスでは「好きな虫は何？」という問に対して、「トカゲ」という答えが返され、同時に、この発言に対して、クラス内の子どもから、「トカゲは虫じゃない」という反論があがった。

　僕が小学校での「虫」の授業において、この問から授業を始めるのは、まずもって「虫」とは何かをはっきりさせる必要があると考えているからだ。「虫」の指し示す範囲は人によって異なっている。だからトカゲを虫の仲間に入れる人もいれば、そうではない人もいる。これが何を意味するかといえば、日常口にする「虫」という単語の指し示す範囲はあいまいであって、科学的な生物の分類と、境界を異にしているということである。歴史的に見れば、トカゲの漢字表記が蜥蜴であること（虫偏がついている）からもわかるように、またトカゲが爬虫類と呼ばれるグループに含まれることからもわかるように、トカゲは「虫」の仲間に分類されていた。先の３年３組の「キライな虫」に名があがったものの中に、クモ（蜘蛛）やムカデ（蜈蚣）の名もある。むろん、これらも漢字表記からわかるように、「虫」の仲間なわけである。一方、日常会話の中で「虫」という言葉が使われるときに、それが昆虫のみを指示している場合もある。昆虫というのは、節足動物門・六脚亜門というように、科学的に指し示す範囲がはっきりしている分類群につけられた名称のことだ（実は、専門的にいうと、広義の昆虫と、狭義の昆虫という区分があるのだが、本書ではともに昆虫として扱うことにする）。つまり、「虫」は日常用語であり、「昆虫」は科学用語であるため、用語の指し示す範囲に関しては、前者があいまいで、後者は厳密である。

小学3年生の理科の授業では、「昆虫は、脚が6本で、体が頭・胸・腹に分かれていて、翅があるもの」といった内容を学ぶ。つまり、小学3年生において、昆虫とはどんなものかということは、一応学習済みということになる。しかし、そう簡単にいいきることはできない。昆虫のことを習ったあとでもなお、小学生たちは「虫」と昆虫の使い分けがうまくできていないからだ。小学生だけではなく、僕が普段、授業をしている大学生でも同様である。文科系の大学生と会話をしていると、ときに、「クモも虫なの？」という問を投げかけられたりする。そんなわけであるので、昆虫を扱う授業の冒頭で、「好きな虫」と「キライな虫」についての問を出しているわけである。

　ここまでの説明でわかっていただけたと思うが、クモは虫である。ただし、昆虫ではない。歴史的に見ると、「虫」の指し示す範囲ははなはだ広く、トカゲやヘビまでも「虫」に含まれていた（ヘビは長虫とも呼ばれ、また有名な毒蛇にはマムシと呼ばれる種類がある）。繰り返しになるが、現在も「虫」の指し示す範囲は広く、漠然としている。ただし、現在では一般に、トカゲやヘビは「虫」の範囲から外されているだろう。大まかにいって、現在では、昆虫のほか、クモ、ムカデ、ダンゴムシ等々、体が体節からなる節足動物と呼ばれる生物のうち、おもに陸生のものたちが「虫」と呼ばれる生き物たちの中心である。また、そのほかにも軟体動物に含まれるカタツムリやナメクジ、環形動物のミミズやヒルといった動物たちも、「虫」と呼ばれる動物たちに含まれていそうだ。ただし、この本は、昆虫の描き方をテーマとしている。そのため、昆虫とは何かをはっきりさせるうえで、一般に「虫」と呼ばれる生き物のうち、昆虫と同じく節足動物に含まれる生き物たちについてのみ、比較のために取り上げることにしたい。

　ここで少しだけ、専門的な話をしたい。

　節足動物の現生種は4つの亜門に分けられている。六脚亜門（昆虫類）のほか、鋏角亜門、多足亜門、甲殻亜門の4つである。ごく簡単にいってしまえば、鋏角亜門はクモの仲間、多足亜門はムカデの仲間、甲殻亜門はカニの仲間である（ちなみにダンゴムシは甲殻亜門に含まれている）。このうち、昆虫が一番近縁なグループは、甲殻亜門だと考えられている。たとえばチョウとカニを見比べると、それほど「近い」存在だとは思えないわけだけ

れど、昆虫と甲殻類との近縁性は、ＤＮＡの解析から確実視されるようになっている。昆虫の系統を扱った文献によっては、「昆虫は極度に変形した甲殻類にすぎない」とまで表記しているものがあるほどだ。

　一方、昆虫とクモ（鋏角亜門）は縁が遠いと考えられている。クモ同様、鋏角亜門に含まれているのは、サソリ、ダニ、ザトウムシといった「虫」たちである（ほかに海生のカブトガニがいる）。これらの生物に共通しているのは、触角がないという特徴だ。節足動物全体を通して見たとき、触角がないというのは例外的で（昆虫だけでなく、甲殻類のエビには立派な触角があるし、よく見るとカニにも短い触角がある）、これは節足動物の祖

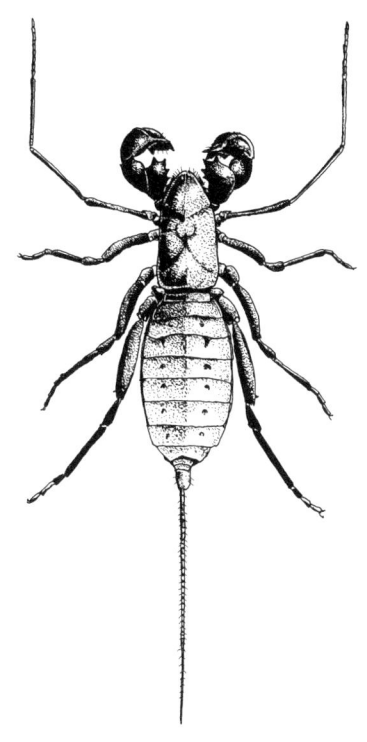

図1　タイワンサソリモドキ

先が触角を発達させる以前に、鋏角類がほかの節足動物の祖先と別の進化の道を歩み始めたせいであると考えられている。琉球列島のうち、奄美諸島や八重山諸島にいくと、サソリモドキという毒針のかわりに、ムチ状の尻尾を持ったサソリ様の生物がいる。このサソリモドキも鋏角類である。サソリモドキの場合、触角がないかわりに、一番前にある歩脚の先端が細長く伸び、触角状となっている（**図1**）。まるで触角のない鋏角類が、触角の便利さを「知って」なんとか、体を改造した結果……とでもいえる「かたち」をした生き物だ。また、サソリモドキのこの「触角モドキ」を見ると、ほかの節足動物の触角も、本来は頭部にあった脚が変化してできたものであろうこともうかがい知れる。

　これで大まかに、『昆虫の描き方』という題を持つ本書が対象とする昆虫という用語の指し示す範囲について、読者のみなさんと合意が形成できたと思う。

1–3 なぜ昆虫スケッチなのか？

　なぜ、今の時代に昆虫スケッチなのか？
　かつて、カメラが現在のように普及していなかった時代において、生物の記録にはスケッチが必需だった。そのためだろう。僕は理学部生物学科を卒業しているが、僕の大学時代には、まだ生物学教育のうえで、生物スケッチが必須とされていたころのなごりがあった。大学時代、何をスケッチしたのか、すべてを記憶はしていないが、カエルの解剖図、樹木の新芽の解剖図、海岸動物の観察図等々を手がけ、レポートとして提出した覚えがある。ちなみに、僕よりもずいぶんと上の世代の、東大の動物学教室を卒業された先生に話をうかがったところ、当時の学部1年生は、半年間、ザリガニを解剖しながらの精密なスケッチをたたき込まれたという。そのスケッチの過程において、動物の体の基本構造を理解するというのが、目的である。
　現在においても、昆虫の新種の記載論文などを見ると、たとえば交尾器などの昆虫の部分拡大図が添えられている。生物の細部について解説をするのには、「どのようになっているのか」を理解した描き手による図版のほうが、写真にまさる点があるからである。昆虫の交尾器といった図版を描くためには、顕微鏡描画装置という独特の機器が使用され、きわめて正確なスケッチがなされている。
　本書は、生物学の研究者の基礎レッスンとしてのスケッチでもなければ、新種の記載論文の書き手を想定したスケッチの手法のテキストでもない。本書は、「はじめに」に書いたように、一般の人を対象とした昆虫スケッチのテキストである。
　では、特殊な目的を持たぬ人を対象に、なぜ、昆虫スケッチを勧めるのか。デジカメでいいではないか。
　確かに、デジカメが隆盛である。僕自身は最近になって、ようやくデジカメを入手したが、使ってみると便利であると思う。フィルムカメラと違って、その場で画面を確認できるし、画像はブログやパワーポイントなどにすぐに活用できるし……。しかし、それでもなお、スケッチをすることに意味はある。
　スケッチは、デジカメに比べると、格段に手間がかかる。たとえば、4－

1（83 ページ）のオキナワオオミズスマシのスケッチは、描くのにどのくらいかかったとお思いだろうか。水面に浮かんで暮らすオキナワオオミズスマシは、水の抵抗を減らすために流線形をしており、体表は滑らかで、かつ上面から見たポーズでは前脚しか目に入らない。つまり、この昆虫はスケッチをする場合、かなり描きやすい条件を持っている昆虫ということができる。

　下書きから仕上げまで、この昆虫のスケッチに実際にかかった時間は 45 分であった。この時間を「長い」と思うか、「短い」と思うかは、人それぞれかもしれない。ただし、デジカメでの撮影と比較すれば、かかった時間は「ひどく長い」ということになるだろう。しかし、「時間が長くかかる」ということと、「無用である」ということは、別の問題である。

　昆虫のスケッチには時間がかかる。しかし、これはいい方を変えれば、その時間、昆虫を見ているということである。スケッチをするということは、自然と対話をする一つの方法であるということである。

　本来、自然が好きな人は、昆虫にせよ植物にせよ、自然の中でそれらにふれあうことが一番の楽しみであるはずだ。しかし、そうはいっても、なかなか自由に自然の中に入る時間が取れない人もいるだろう。かくいう僕の場合も、平日はほぼ毎日、勤務校に詰め、授業をしているか、会議をしているか、パソコンをにらんでいる。また、週末は週末で、学外での別の仕事が入ることが多い。そんな日々を過ごす中、仕事から帰ってきて、夜、昆虫のスケッチを描くのは、自然と対話をする貴重な時間であり、楽しみとなっている。昆虫のスケッチに夢中になっていると、仕事におけるさまざまな問題を一時忘れることができる。自然の造形物である昆虫のスケッチに無我になって取り組むのは、あたかも写経のようではないかと思うこともある。

　ただし、自然との対話の手法としてスケッチを選ぶ場合、その対象は昆虫でも花でも鳥でもかまわないはずである。前著（『生き物の描き方』）はまさにそのような意味において、それらすべてをスケッチの対象として取り上げている。しかし、本書ではスケッチの対象を昆虫に限定した。それにはいくつかの理由がある。

　◉　植物スケッチ（ボタニカル・アート）はすでに市民権を得ており、講

座の開講や関連書の出版も見られるが、昆虫スケッチに関しては単独で扱っている書物が見当たらない。

- 昆虫は一般に、輪郭がはっきりしているため、本書で取り上げるような線画の対象として、描きやすく、初心者にとっても取り組みやすい。
- 昆虫は一般に、乾燥標本として保存できるため、スケッチをする際のモデルの保管が容易で、好きなときにスケッチをすることができる。
- 昆虫は全生物の中でも一番種類数が多い仲間であるため、多様性に富み、いくらでも描く題材がある。また、昆虫は家の中を含め、あらゆるところにいるため、容易にモデルを得やすい。

以下、ここであげた点について、説明を付け加えてみよう。

1-4　昆虫スケッチの容易さ

ひとくちに昆虫スケッチといっても、いくつかのジャンルに分類することができる。

- 野外や飼育下における生きた昆虫のスケッチ（生態スケッチ）
- 昆虫標本のスケッチ（標本スケッチ）
- 昆虫の巣・食痕などのスケッチ（生痕スケッチ）
- 写真などからのスケッチ（写真スケッチ）
- 標本・写真などを資料として活用した生態画（生態画）

本書では、このうち、まず基本となる「昆虫標本のスケッチ」を中心にして説明をしたい。また、おりにふれ、ほかのスケッチや生態画についても紹介することとする。

昆虫スケッチ（標本スケッチ）は、輪郭がはっきりしているため描くのは比較的容易であると書いた。たとえば哺乳類では、体表は毛に覆われ、その下に柔軟性のある筋肉があり、さらにその内部に可動域が関節によって決まっている骨格がある。骨格の構造を理解し、筋肉のふくらみを考えて、そ

の上に毛の生えた皮がかぶさっているものとして描いたとき、哺乳類のスケッチがなされうるということになる。これには、なかなか熟練を要する。むろん、昆虫をスケッチする際においても、昆虫の体をつくっている原則については理解しておくにこしたことはない。

　たとえば、小学３年生で習う「昆虫の体は頭・胸・腹からなっている」ということはまちがいではないが、さらにいえば、「昆虫の胸は基本的に３節からなっていて、それぞれの節から脚が１対ずつ生えている。また翅は中胸と後胸から１対ずつ生えている」ということを理解していることは、昆虫のスケッチをする際に知っておくべき重要な基本事項である。それでも、外骨格である昆虫の場合は、哺乳類に比べて、格段にその体の構造が見て取りやすいし、表現がしやすい。同じように体の外側に硬い骨格がある貝類と比較しても、昆虫のほうが描きやすいといえる。なぜなら、貝類の場合、貝殻は生物自体ではなく、生物のつくりだした鉱物であるということを考慮する必要があるからだ。つまり貝殻は、鉱物の結晶同様、かなり厳密な法則性にのっとってつくりだされたものであるため、その貝殻の構造の法則性を理解するのはともかく、きちんとした法則性を持っている成長線や刺の配列をフリーハンドで表現することがなかなか困難であるのだ。

　前著『生き物の描き方』において、生物スケッチを体得する、一番のコツは「ウソをつくこと」であると書いた。

　これに関して、さらに「ウソのつき方の三法則」をあげた。

　１・ウソは、はっきりとつく
　２・ウソのつき方をうまくする
　３・ウソはつきとおす

　生物スケッチがなぜ、ウソなのかは、昆虫の体をまじまじと見るとすぐにわかる。それも肉眼だけでなく、ルーペや実体顕微鏡で拡大して見ることをお勧めする。ちっぽけな昆虫の体を拡大してみると、その体には微妙な光沢があったり、多数の点刻があったり、微細な毛が生えていたりする。そのすべてをスケッチで寸分たがわず描き表すのはとうてい無理である（拡大倍

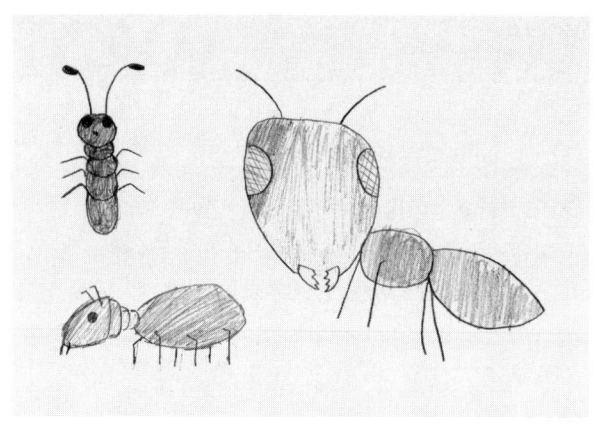

図2
学生が描いたアリの図

率を上げれば、今まで見えていなかった構造がさらに見えてくるわけであるし)。つまり、どこまでなら省略してもそれっぽく見えるか……という点について、どこかで腹をくくらなければならないのだ。それが、「ウソをつく」ということの意味である。

　どうウソをついたら、それらしく見えるか。
　ウソをつくには、「ホント」をよく見る必要がある。
　昆虫スケッチを描くにあたっては、とにかく「体が節でできている」ということを念頭におく必要がある。そのことを理解することが、「ウソのつき方をうまくする」早道である。逆にいえば、この点に注意を払えば、初心者でも、昆虫らしいスケッチを描くことができる。たとえば、学生に「何も見ないでアリの絵を描いてみて」というと、図で紹介するようなアリが描かれたりする（**図2**）。脚のつき方などにもおかしな点があるが、ここで問題にしたいのは、脚や触角が単なる棒に描かれている点である。これは「ホント」の昆虫とはかけ離れた姿だ。つまり、ウソのつき方が、うまくない。触角や脚の先端に至るまで、体節でできている……ことに注意すれば、たとえ触角や脚のバランスが多少、悪かったとしても、あなたの描いた昆虫はずいぶんとそれらしく見えるようになるはずだ。

　また、小学校〜高校の美術の時間などで習ったスケッチは、鉛筆で何度も輪郭をなぞるようにして描いたという思い出がある方も少なくないと思う。

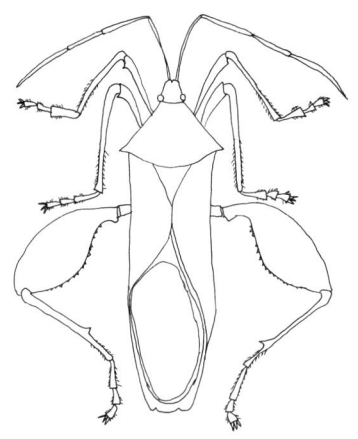
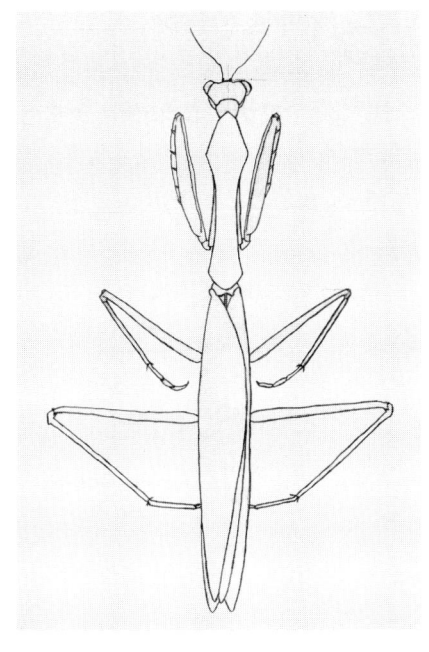

図3　(左)アシブトヘリカメムシ
図4　(右)オオカマキリ
　　　いずれも学生の作品

が、外骨格性の昆虫スケッチでは、思いきってというぐらい、輪郭をはっきり描くというのが、一つのコツである。つまり、「ウソは、はっきりとつく」ということである。ここで、学生の作品を紹介しよう。カメムシ（**図3**）とカマキリ（**図4**）のスケッチであるが、いずれも輪郭がはっきり描かれていて、はっきりとしたウソのつけている、いいスケッチである。先のアリの絵を描いていたような学生も、「ウソつき」のコツを伝え、「ホント」の昆虫標本をよく見て描くように指示すると、ここで紹介するような作品を描き出すようになる。この両作品を描いた学生とも、初めて昆虫スケッチを手がけているのにもかかわらず、このような作品を描き上げているのである。

　昆虫スケッチは、生き物のスケッチの中でも容易な分野である（ウソのつきやすい対象である）ことを強調しておこう。もっとも、昆虫の中にも、ケムシのように、体の構造がわかりづらく、線画で表現をするのが難しいものもあることは事実である。

1-5　モデルの管理

　植物の場合では、野外で採集してきたものは、できるだけ早いうちにスケッチをしなければ、萎れてしまったり、花が散ってしまったりすることになる。つまり、時間との闘いである。しかし、昆虫の成虫は体皮が硬いため、乾燥標本にして、生きているときとあまり変わらない姿のまま保存が可能である。そのため、スケッチをしたいときに、標本を取り出し、スケッチをすることができる。これは特に不規則・不連続にしか自由な時間をとることができない社会人にとって、ありがたい特質である。

　本書では、昆虫採集の方法や、標本づくりについては扱わない。採集・標本作製については類書も多いので、それらを参考にしていただきたい。ただ、昆虫スケッチをする場合において、チョウなどを除けば、必ずしも虫ピンで刺した正式な昆虫標本をつくる必要はない。昆虫標本は、平たくいえば、昆虫を「とって」「ころして」「ほす」という作業である。たとえば甲虫などでは、採集した昆虫は市販の脱脂綿の上に載せてポーズを固定し、タトウと呼ばれる紙包みに包んで保管する。短期間であるなら机の上に放置しておいてもいいのだが、たとえば僕の住んでいる沖縄の場合では高い湿度でカビが生えたり、室内にまで出没するアリなどによって標本がダメージを受けたりすることが多い。そこで、短期的な保管であっても、冷蔵庫内に保管するようにしている（家族の了承を得たうえで、冷蔵庫の特定の場所を昆虫のタトウの保管場所として確保している）。また、より長期的には、防虫剤を入れたプラスチック容器に入れ、その容器をさらに除湿剤を入れたプラスチック製衣装ケース内に入れて保管している。それでも、昆虫はそれほど大きな体をしていないので、収納場所がかさんで大変ということには、そうそう、ならない（かさとしては、骨格標本の保管のほうが断然にかさばり大変である）。

　ただし、乾燥標本によるモデルの保存は、昆虫の中でも体の柔らかな種類や、幼虫などには適さない。体の柔らかな昆虫は、乾燥すると体型が著しく変形したり、模様が判然としなくなったりするため、採集をしたら、すぐにスケッチをする必要がある。長期の保存に耐えるモデルとしては、チョウや甲虫のほか、カメムシ、ハチ、ゴキブリなどの昆虫があげられる。一方、バッ

タの仲間は腹部が変形しやすく、トンボは眼や腹部の模様が変色しやすいため、できれば鮮度のいいうちにスケッチをしておきたい昆虫である。なお体の柔らかい昆虫は、冷凍保存によって、しばらくは鮮度を保ちながら保存が可能である（家庭用の冷凍庫は霜取り機能により乾燥しやすいため、密閉容器やビニールに入れる必要がある。それでも長期間保存すると乾燥してしまい、触角なども折れやすくなるので注意が必要である）。アリも乾燥すると腹部が変形しやすいので、鮮度のいいうちにスケッチをしてしまうか、消毒用のエチルアルコール中に保存して、適時、スケッチをおこなう。

1-6 スケッチの道具

昆虫スケッチにあたっては、いくつかの道具が必要になるので、ここでそれらの道具についても一通り紹介しておきたい。

以下に紹介する内容は、基本的に前著（『生き物の描き方』）と重なっていることも多いので、前著を読まれた方は次章まで読み飛ばしていただいてかまわない。

ここで、昆虫の大方は体が小さいということを認識する必要がある。確かにアゲハやカブトムシは十分に大きいのであるが、昆虫全体からすると、これほどの大きさを持っている昆虫は少数派である。圧倒的多数の昆虫がミリ単位という大きさなのだ。そして、昆虫スケッチをする場合、こうした小さな昆虫……つまりは普段は目にとめない昆虫の姿に目を向けるということこそが、身近な異世界の存在に気づくきっかけとなる。ただ、こうした小さな昆虫を観察するのには、それなりの道具が必要になる。ルーペでも小さな昆虫を観察することはできるが、スケッチをするとなると、どうしても実体顕微鏡が必要となる。実体顕微鏡の性能や値段はピンからキリまであるが、多少値段は張っても、できるだけ視野の明るい、高性能のものをお勧めしたい（僕が現在使用しているのはライカ社製のMS5；図5）。実体顕

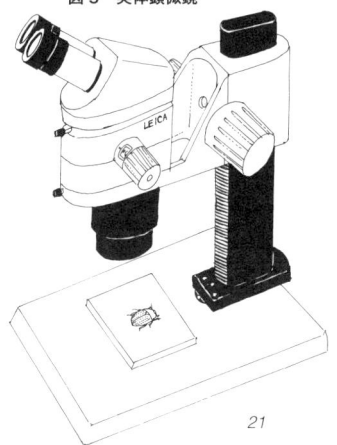

図5　実体顕微鏡

微鏡を使うにあたっては、標本を照射する光源も必要になってきて、顕微鏡用のものも専門店では取り扱っているが、僕の場合、この点については妥協して、市販のいわゆるZランプと呼ばれる照明器具を活用している。

　画材としてはどのようなものが必要になるだろうか。

　用紙は特にこだわる必要を感じないが、ペン画の場合、画用紙ではなく（紙の繊維がペンに詰まってしまうため）、ケント紙のような表面がつるっとしたものが適している。僕の場合は、ケント紙も使用するが、よく使用していて、本書の原画にも使っているのが、コピー用箋である（たとえばコクヨ製の型番コヒ―5N など）。コピー用箋には青い線で方眼がきってあるが、この線が、昆虫のスケッチをする場合、左右対称になっているかどうかの目印となり、スケッチをする際の大きな助けとなるためである。

　画具としては、以下のようなものを使用している。

下書き
- シャーペン（0.5 mm　B）
- 消しゴム
- 定規

輪郭スケッチ用
- 製図ペン　商品名：ロットリング 0.2 mm（注：ロットリング製の製図ペンは、ロットリングとそのまま呼ばれることが多いが、このロットリングには、イソグラフとラピットグラフの2種類がある。図を描くには、ラピットグラフのほうが適しているため、スケッチにはこちらを使用する。スケッチの輪郭線描画用）
- 製図ペン　商品名：ロットリング 0.13 mm（同上。細部描画用）
- 修正液

ベタ塗り・仕上げ用
- デザインペン　商品名：ホルベイン・MAXON COMIC PEN　ツイン筆タイプなど(広範囲のベタ塗り用。一般的な筆ペンなどでも代用可能)

- デザインペン　商品名：ロットリング・ティッキーグラフィック 0.2 mm（狭い範囲のベタ塗り用。ただし、紙質によってはにじむことがあるので注意が必要）
- 細い絵筆と白絵の具（ベタを塗った上に、細毛などを描画するときに使用）

これらの画具をどのように使うかは、4章において、より具体的に紹介したい。

2 さまざまなスケッチ

2-1 「いろいろ」の魅力

　少年時代、カブトムシやクワガタ採りに夢中になった思い出のある方は少なくないのではないだろうか。
　僕もまた、その一人であった。僕の生まれ故郷は、房総半島南部である。生家は、田舎町の郊外に位置し、2階に上がれば海も見えたし、周囲は畑と山に囲まれているという環境であった。小学校の中学年ぐらいから、僕はカブトムシとクワガタ採りにはまり、夏の一時、家族の誰よりも早起きをし、採集ポイントをめぐった。採集ポイントは大きく分けて二つあり、一つは家の前の道路の街灯めぐりである。もう一つは、背後の山裾にある、樹液の流れ出る木であった。一般に、カブトムシやクワガタが集まる「昆虫酒場」になる木というのはクヌギというのが相場だが、生家まわりにおいてはクヌギと同じブナ科ではあるが、常緑樹のマテバシイが「昆虫酒場」となっていた。
　僕の少年時代、カブトムシやクワガタ採りへの熱中は、一斉に周囲の友人たちも発症し、やがて小学校高学年になるとともに、これまた一斉に熱が冷めていった。
　これは僕も同様で、カブトムシ、クワガタ採り自体は、小学校高学年になるとともに、熱が冷めてしまった。そのカブトムシ、クワガタ採りと、ほかの昆虫への興味は若干、立脚点が異なっているようだ。カブトムシ、クワガタ採りへの熱が冷めても、僕のほかの昆虫への興味は、より激しくなっていったからであり、友人たちを見渡したとき、カブトムシ、クワガタ採りに熱を上げていたからといって、ほかの昆虫へ興味を広げていた友人たちが見当たらなかったからである。この違いが何に起因するかなどということは、当時の僕にはわからなかった。わかったのは、自分がいつの間にか、友人たちと異なっている人間であったということである。そのことに、ひたすら戸惑い、

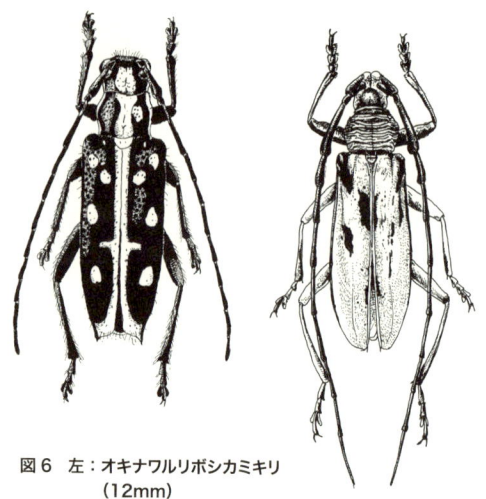

図6　左：オキナワルリボシカミキリ
　　　　　（12mm）
　　　右：ミヤマカミキリ（47mm）

隠れるようにして、昆虫採集を続けていた。

今にして思えば、おそらく、カブトムシ、クワガタ採りで終わるか、ほかのさまざまな昆虫に興味が向くかどうかの分岐点は、「いろいろ」ということに、特別の興味を持つかどうかではないかと思う。

カブトムシ、クワガタ採りを卒業した僕が熱中したのは、ほかのさまざまな種類の昆虫の採集だ。特に熱を入れていたのが、カミキリムシである。ひとことでいえば、当時の僕は、カミキリムシは特別に「カッコイイ昆虫」と思っていて、一種でも多く……つまりはできるだけ「いろいろ」のカミキリムシを採集することを考えていた。

大人になってからも、昆虫採集に没頭するような人のことを虫屋と呼ぶ。その虫屋の中でも、さらにジャンルがあって、たとえば、チョウ屋は一番、人口が多い。そして甲虫でいえば、カミキリ屋は人口が多い。そのカミキリムシは、甲虫の中でも種類が多く、体の大きさや色彩にさまざまなバリエーションがある（図6）。また、容易に採集できない種類があることも、カミキリ屋の血を熱くする（図7）。

僕の場合、チョウにはまったく興味がわかなかった。昆虫の中で興味を持ったのは、カミキリムシをはじめとした甲虫という、硬い体をした昆虫たちだ。僕は昆虫への興味に先立って、貝殻拾いから生き物への興味が広がったという来歴を持つ。そのため、どうやら貝殻同様に、硬いものへの好みが出てしまうらしい。

僕は少年時代、カミキリムシの採集に熱を上げたのだが、やがて、一つの転機が訪れた。当時の僕は満足な昆虫採集用具を持っておらず、いいかげんな標本箱に保管していた昆虫標本は、気がつくと標本を食べる害虫によって、

悲惨な状態になってしまっていたのだ。そのことに、むなしさを感じた僕は、以来、標本づくりに熱を入れることができなくなってしまったのだ。

　そのかわりに、僕が少しずつ手がけるようになったのが、昆虫のスケッチである。スケッチは、害虫に食べられることもなく、保存ができる点でありがたかった。

　標本を集めることからスケッチをすることに転換をしたとはいえ、昆虫の「いろいろ」に惹かれているという点は変わらない。ただ、興味を惹かれる昆虫の種類は、少年時代とは変化した。

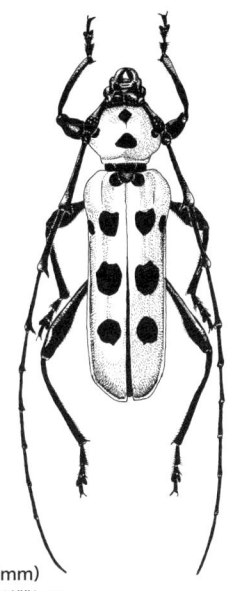

図7　フェリエベニボシカミキリ(33mm)
奄美大島固有種で採集するのが難しい

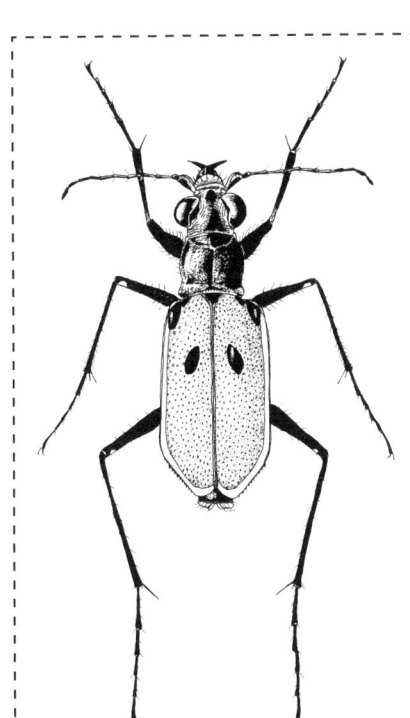

コラム①
肉食性の甲虫であるハンミョウは、よく発達した眼と脚を持つ。ハンミョウも種によって生育地はさまざまで、本種は海岸の岩礁地に見られる。

シロヘリハンミョウ(10.5mm)

2　さまざまなスケッチ——27

2-2 オトシブミのスケッチ

　大学を卒業後、埼玉の私立学校に僕は就職をした。その学校の周囲の自然環境はすばらしかった。僕の生家周辺は、常緑樹が目立つ、冬も温暖な地域であったが、埼玉の学校周辺は、いわゆる雑木林と呼ばれる、冬季にはすっかり落葉してしまう木々が主体となった林であった。僕はこの学校の教員になって初めて、クヌギの樹液にくる、カブトムシやクワガタの姿を見ることができた。学校生活は授業や生徒への対応で始終、忙しかったが、一歩、外に出れば、あたりまえのように昆虫がいた。

　埼玉の雑木林の昆虫で、僕を惹きつけたものが、カミキリムシにかわって、オトシブミと呼ばれる甲虫の仲間であった（カミキリムシから対象は変化したが、やはり硬い甲虫の仲間が興味の対象ではあった）。

　春、雑木林の木々がてんでに新緑を萌え出すと、昆虫たちも冬の眠りから次々に目覚め始める。その中に、幼虫のために木や草の葉を巻き、揺籃と呼ばれる葉の巻物をつくるオトシブミたちがいた。

　オトシブミが僕の興味を惹きつけたのは、まず、その揺籃づくりという独特の生態のおもしろさであった。さらに、小型の昆虫であるとはいっても、形や色彩が多様であり、揺籃をつくる植物も、その揺籃の形もさまざまであること……つまりオトシブミにも「いろいろ」が見て取れるのが、魅力的であった。埼玉の雑木林で、真っ先に姿を現すのが、ファウストハマキチョッキリである。気がつくと、この昆虫の揺籃づくりはもう末期で、その仕事ぶりの速さに、毎年のように舌を巻いたものである。ファウストハマキチョッキリは、枝先に切れ込みを入れ、萎れさせたウリカエデの葉を何枚も重ねて、細長い、「葉巻」状の揺籃をつくる。また、この昆虫は体色が紫色の金属光沢をしていて、これまた毎年見ているのに、思わず見ほれてしまうのである。

　同じような葉巻状の揺籃をつくるものに、ドロハマキチョッキリがいる。こちらは体もひとまわり大きく、巻くのもカエデよりもずっと葉の大きなイタドリである。ドロハマキチョッキリの体色も緑色の金属光沢をしており、目を惹きつける（ときどき、紺色に輝く個体もいた）。

　雑木林周辺では、こうした何枚もの葉を重ねて巻き上げる葉巻型の揺籃に

対して、1枚の葉だけを巻く、いわゆる「落とし文」タイプの揺籃をつくるものも、多々見つかる。イタドリの葉の縁に細長く切れ目を入れ、小さな揺籃をつくるカシルリオトシブミ。クリの葉を巻く、ナミオトシブミやゴマダラオトシブミ。エゴノキの葉を巻く、エゴツルクビオトシブミ。アカソなど、イラクサの仲間の葉を巻く、ヒメコブオトシブミ。ノイバラやコナラなど、多くの植物の葉を巻く、ヒメクロオトシブミ。エノキの葉を巻く、ヒメゴマダラオトシブミ。ケヤキの葉を巻く、リュイスクビナガオトシブミ……。中には、揺籃を巻かず、若い果実に産卵をするウメチョッキリや、モモチョッキリといった種類もある。

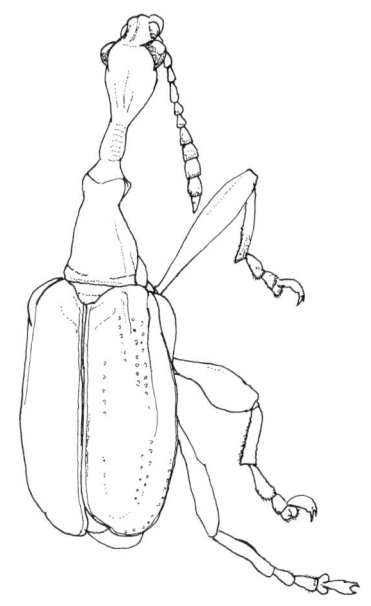

図8　エゴツルクビオトシブミ（オス）
（『飯能博物誌』No.30 1986年5月21日号より）

　こうしたオトシブミの仲間のうち、エゴツルクビオトシブミを、一番よく観察した。エゴツルクビオトシブミは、全身が真っ黒で、ドロハマキチョッキリのような派手さはない。ただし、この昆虫のオスは、名のとおり、ツルのように「首」（頭部の後端と前胸の部分）が伸びているのがおもしろい点だ（メスの「首」は普通である）。エゴツルクビオトシブミは、春、エゴノキの木の下にいきさえすれば、容易に目にとまる昆虫だろう。そして、目の前で揺籃づくりを披露してくれる。興味深かったのは、その揺籃づくりに多様さが見られたことだ。

　僕は授業外でも、野外で観察した生き物のことを生徒たちに伝えたくて、理科通信を発行していた（実際は生徒のためというより、自分自身がおもしろくて書き進めていた）。最初に僕がオトシブミのことを生徒たちに伝えた理科通信をここで紹介しておこう（**図8**）。『飯能博物誌』と題した理科通信のNo.30（1986年5月21日号）である。

　ここに描かれているエゴツルクビオトシブミ（オス）の絵について、コメ

ントをつけておこう。

- ⊙ 小さなオトシブミを、実体顕微鏡を見ながら、できるだけ大きく描いている。
- ⊙ 製図ペンのロットリング（以下、ロットリングと表記）を使っているため、線がシャープである。
- ⊙ 体色は真っ黒であるが、このスケッチでは輪郭だけを描いている。
- ⊙ 脚や触角は片方しか描いていない。

「できるだけ大きく描く」「線がシャープである」「輪郭だけを描く」は、前章で紹介したウソのつき方三法則のうち、「ウソは、はっきりとつく」に関連している。

　スケッチは、撮影に比べて、格段に時間がかかる。そのため、どこかで「省エネ」が必要となってくる。時間は有限で、描きたいことや、やりたいことは無限であるからだ。そこで、このスケッチに関しては、体を黒く塗ることや、両脚をきちんと描く手間を省略している。こうした省エネは、場合場合にどの程度おこなうかを決める必要がある。

　ただし、今から見ると、昔の自分のスケッチに関してダメだしをしたい点はいくつかある。

- ⊙ 線が不規則に曲がっていて、輪郭がきちんととらえられていない。
- ⊙ 標本画を描くのなら、脚はきちんとそろえたように描いたほうが見栄えがいい（見たままを描けばいいわけではない）。

このダメだしは、ウソのつき方三法則のうち、「ウソのつき方をうまくする」がまだ、不十分であるということである。

- ⊙ 上翅の点刻はごく一部しか描かれていない。全部描くか、まったく省略するかのどちらかのほうがいい。

このダメだしは、ウソのつき方三法則のうち、「ウソはつきとおす」に関する点である。

2–3　輪郭スケッチ・模様スケッチ・細密スケッチ

　昆虫観察のバイブルといえば、『ファーブル昆虫記』だ。何度読み返しても、ファーブルがさまざまな昆虫の生態を明らかにしていった情熱と、そこから明らかにされた昆虫の生態には感嘆させられる。ファーブルにはおよびもつかないが、エゴツルクビオトシブミも、観察していけばいくほど、不思議だと思うことは出てくる。

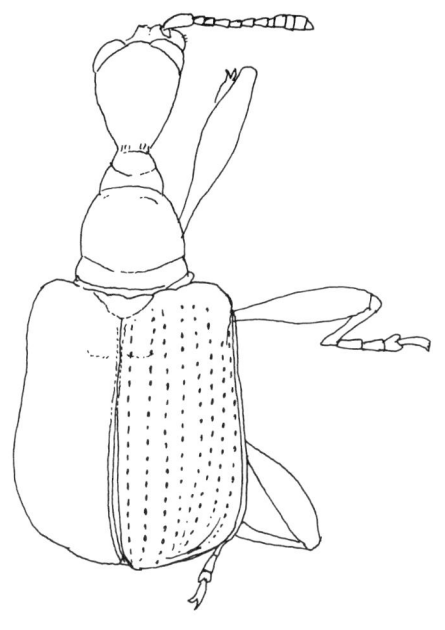

図9　エゴツルクビオトシブミ（メス）
（『飯能博物誌』No.359 1990年5月18日号より）

　最初に理科通信にエゴツルクビオトシブミの記事を書いて4年後、再び、この昆虫のことを理科通信で取り上げている。これは、偶然見ていたエゴツルクビオトシブミの揺籃づくりに、興味をそそられる点があったからだ。
　まず、このときの『飯能博物誌』No.359（1990年5月18日号）に載せた、エゴツルクビオトシブミのスケッチを紹介する（今回スケッチをしたのは、メスであるため、"首"は短い）。前回のスケッチ同様、輪郭だけのスケッチで、触角や脚も片方しか描いていない。が、前回のスケッチと比べて、いくつか改良されている点が見られる（**図9**）。

- 整形されている状態で描かれている。
- 上翅の点刻が全体的に描かれている。

　先のスケッチにおいて、「ウソのつき方をうまくする」と「ウソはつきとおす」についてダメだしをした点を改善してあるということである。

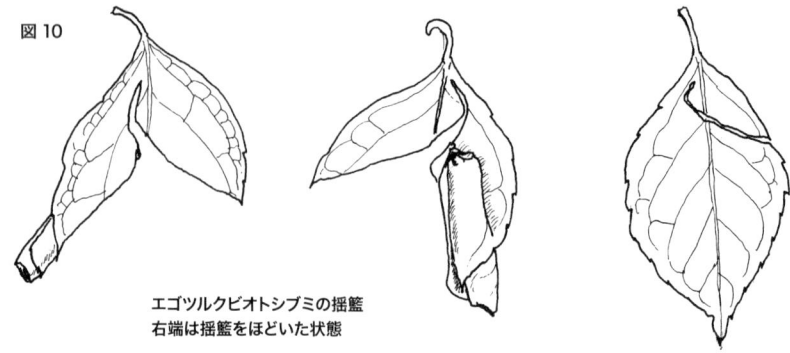

図10　エゴツルクビオトシブミの揺籃
右端は揺籃をほどいた状態

　この号で僕が生徒に伝えようと思ったのは、このスケッチしたメスの揺籃づくりに関する行動であった。

　エゴツルクビオトシブミは、揺籃をつくるにあたって、通常、葉のどちらかの端から切れ込みを入れる（この葉のどちら側から切れ込みを入れるのかは、両方の場合があり、最終的に葉を巻き上げるとき、どちらから切れ込みを入れるかによって巻きが逆になる。いわば、右巻き、左巻きのようなものである）。葉に入れられた切れ込みは、Ｊの字の形をしている。続いて、葉の中央にある筋に沿って、葉を二つ折りにし、先端部を少し折り曲げたところで産卵をおこない、そのまま、葉を巻き上げていくと、揺籃が完成する。完成した揺籃は、切り残しの部分で、つながっていて、そのまま枝先にぶらさがっている状態となる（図10）。

　ところが、『飯能博物誌』No.359を書いた日、僕が観察をしたメスは、葉の両側から中筋に向けて葉を切り込み、葉を二つに折って巻き上げたのち、中筋でつながっていた揺籃を最後に切り落としたのである。このとき、野外でメスの行動をメモしたフィールドノートのスケッチを描きなおし、通信に図として載せた（図11）。野外では小さな昆虫は精密なスケッチなど望めないが、どのような行動をとったかという記録、つまり野外における生態記録においては、ごくラフなスケッチでもかまわないという例としてここで紹介しておきたい。

　このとき初めて、僕は同じエゴツルクビオトシブミなのに、揺籃を切り落とすタイプと切り落とさないタイプの両方がいる……ということを知った。

　これが、偶然に起こったことではないことは、エゴノキを注意深く見てい

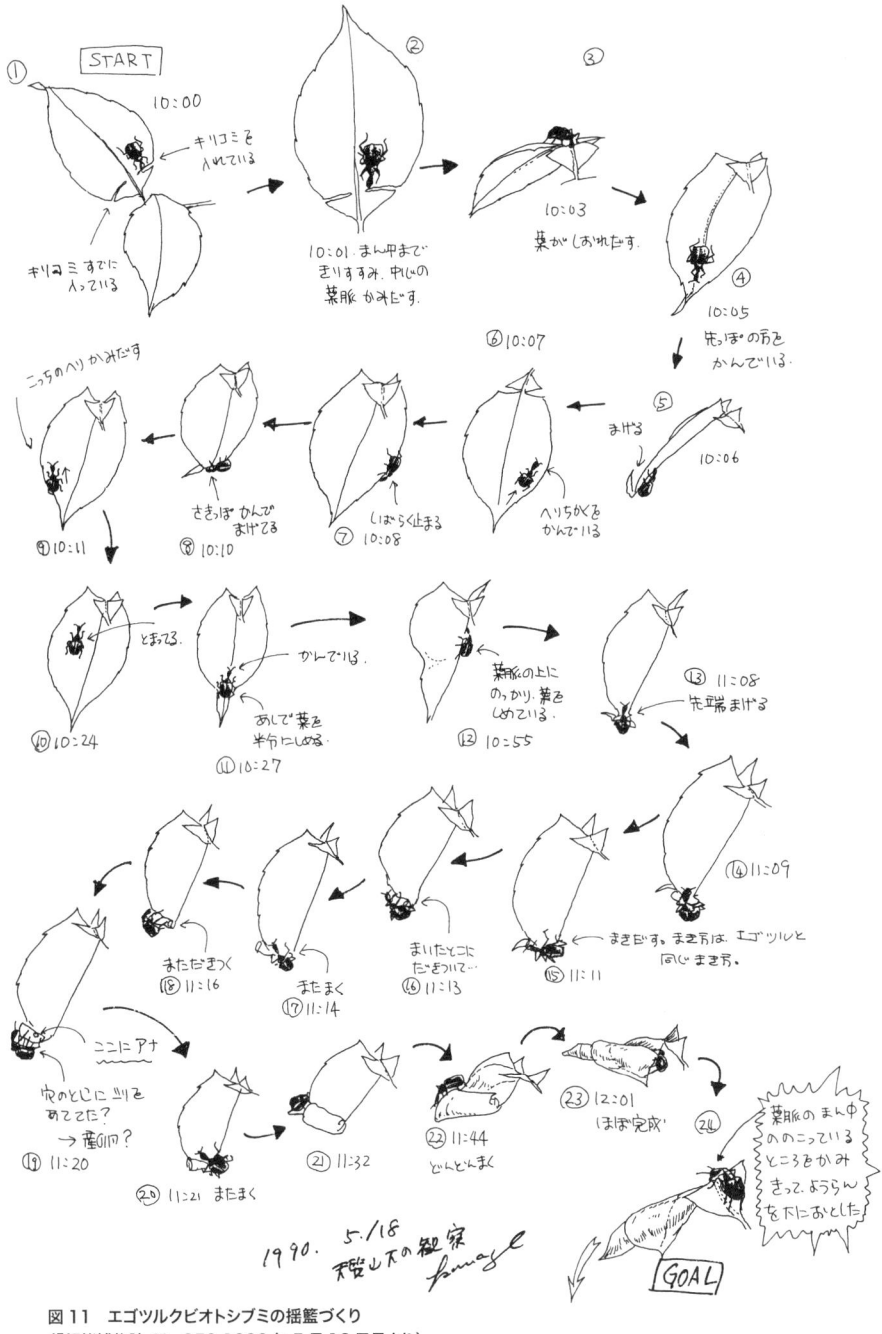

図11　エゴツルクビオトシブミの揺籃づくり
(『飯能博物誌』No.359 1990年5月18日号より)

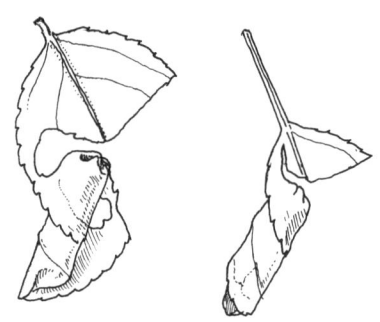

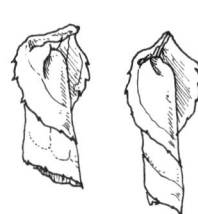

図12 ウスモンオトシブミの揺籃の2タイプ 下段が切り落としタイプの揺籃

くと、すぐにわかった。ほかの木においても、両方のタイプの揺籃が見られたからだ。また、切り落としタイプの揺籃をつくっていたメスを持ち帰り、家で飼育したところ、切り落とさないタイプの揺籃をつくったことも確認した。つまり、両タイプが遺伝的に異なっているわけではなく、条件によって、切り落としタイプの揺籃をつくるか、切り落とさないタイプの揺籃をつくるかが決まっているようであった。どちらのタイプの揺籃をつくるのかは、切り落とす以前、葉の切れ込みを入れるときに、すでに決まっている（図11を参照してほしい。切り落とす場合は、両側から切り込みを入れる必要がある）。しかし、どちらにするのかということが、どのような条件で決まっているのかまでは、判明させることができなかった。

　その後、たとえば、ゴンズイの葉を巻くウスモンオトシブミといったほかのオトシブミにおいても、切り落としタイプと切り落とさないタイプの揺籃が存在することを知った（『飯能博物誌』No.858；図12）。

　このオトシブミのスケッチは、基本的にこれまでのエゴツルクビオトシブミと同様のスケッチ（輪郭・片方のみの触角・脚）であるが、この種では全体が統一した色彩ではないため、暗色部に墨を入れているのが、これまでのエゴツルクビオトシブミのスケッチと異なっている点だ（図13）。そのため、これから前者のような輪郭のみのスケッチを「輪郭スケッチ」、後者

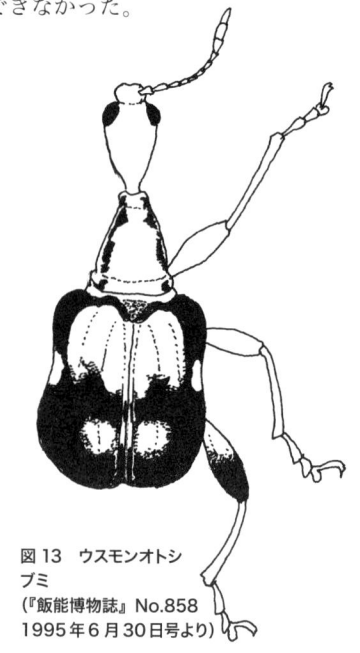

図13　ウスモンオトシブミ
（『飯能博物誌』No.858 1995年6月30日号より）

のような、輪郭に体の模様を描き込んだスケッチを「模様スケッチ」と表現することにする。

「標本スケッチ」を描く場合も、「輪郭スケッチ」「模様スケッチ」の別があるわけであるが、さらに光沢まできちんと描き込んだスケッチが「細密スケッチ」である。

オトシブミの項の最後に、比較のために、エゴツルクビオトシブミの細密スケッチを紹介しておこう（**図14**）。このような細密スケッチの場合、輪郭スケッチや模様スケッチよりも、格段に時間が必要となる。標本スケッチを描く場合、どのスケッチにするのかは、スケッチの目的、スケッチにさける時間などで選択をする必要がある。

図14　エゴツルクビオトシブミの細密スケッチ（9mm）

2-4　生痕スケッチ

埼玉時代、オトシブミと同様、熱を入れて観察をした昆虫に、フンコロガシの仲間がある。

虫ギライの中高生も、フンコロガシはみな知っている。これは、ひとえにファーブルのおかげである。フンコロガシという秀逸な日本名が与えられていることも、この知名度の高さの一因であるだろう。

理科の授業においては、「生徒の常識から始まって、生徒の常識をひっくり返すもの」がいい教材といえる。すなわち、生徒のほとんどが知らない昆虫は教材として不適だし、同様、生徒のほとんどが実態を知っている昆虫も教材に向かない。そうした点からすると、フンコロガシは、最適の教材とい

える。生徒の誰しもがその名を知っているのにもかかわらず、実態はほとんど知られていないからだ。むろん、実態を知らないのは、動物の糞を丸く切り出し、逆立ちをしながら後ろ向きに転がして運ぶフンコロガシが日本に分布していないからである。フンコロガシはどこにいるか。生徒や学生たちに問うと、「砂漠」「アフリカ」という答えが返ってくる。

　フンコロガシというのは、生物学的な呼称ではない。生物学的にいうと、コガネムシ科・タマオシコガネ亜科の中のいくつかのグループの昆虫が、「フンコロガシ」である。タマオシコガネ亜科といっても、世界から4500種もが知られている大所帯である。すなわち、ここにもまた、「いろいろ」を見て取ることができる。

　タマオシコガネ亜科は、以下のような諸グループに分類されている（族というのは、科と属の間にある分類群）。

　　マメダルマコガネ族
　　タマオシコガネ族
　　ヒラタタマオシコガネ族
　　クモガタタマオシコガネ族
　　カクガタタマオシコガネ族
　　アシナガタマオシコガネ族
　　ダルマコガネ族
　　ヒラタダイコクコガネ族
　　ニジダイコクコガネ族
　　ダイコクコガネ族
　　ツノコガネ族
　　エンマコガネ族

　生徒たちは、フンコロガシは知っているが、フンコロガシの仲間に糞を転がさずに利用している昆虫たちがいることは知らない。本来は、糞虫と呼ばれる、糞を利用するコガネムシの仲間（コガネムシ科・タマオシコガネ亜科の昆虫以外にも、コガネムシ科・マグソコガネ亜科の昆虫や、センチコガネ

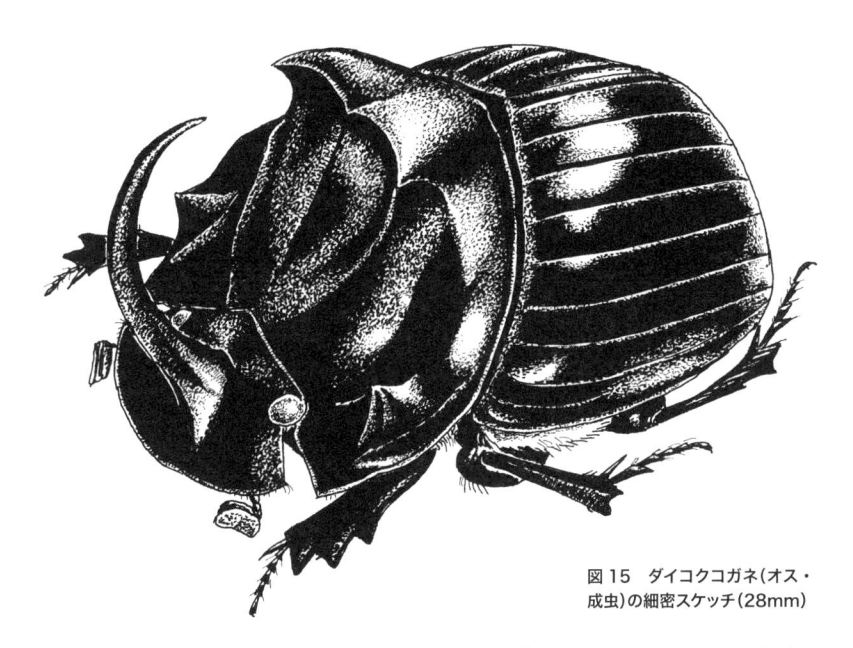

図15　ダイコクコガネ(オス・成虫)の細密スケッチ(28mm)

科の昆虫などが含まれる）がいて、その中の一部が、フンコロガシと呼ばれているというわけである。フンコロガシと呼ばれていない糞虫はどのような暮らしをしているかというと、糞を転がさないで糞を利用している。これにもいくつかのタイプがあり、たとえば糞の直下にトンネルを掘り、その中に糞を運び込むものや、糞を運び出さず、糞の中に潜り込んで、そのまま糞を利用するものがある。これらの昆虫は、糞を転がさないわけだから、フンコロガサズといってもいいかもしれない。

　コガネムシ科・タマオシコガネ亜科に含まれる昆虫にも、糞の利用についてはいくつかのタイプがある。先のタマオシコガネ亜科の諸グループの中で、前出の族名の一覧のうち、マメダルマコガネからアシナガタマオシコガネまでの６族に含まれる昆虫が、糞を転がす（つまりはフンコロガシ）。

　日本産の糞虫でもっとも大型になるのは、牧場のウシの糞の直下にトンネルを掘り、地下に運び込んだ糞を団子状に丸め、その中に産卵し、幼虫を育てるダイコクコガネである。ダイコクコガネは体が大きいだけでなく、オスの成虫には立派な角があり、なかなか、カッコがいい（**図15**）。ダイコクコガネのオスの角は、どの方向から見たら一番、それらしく見えるかをしばし

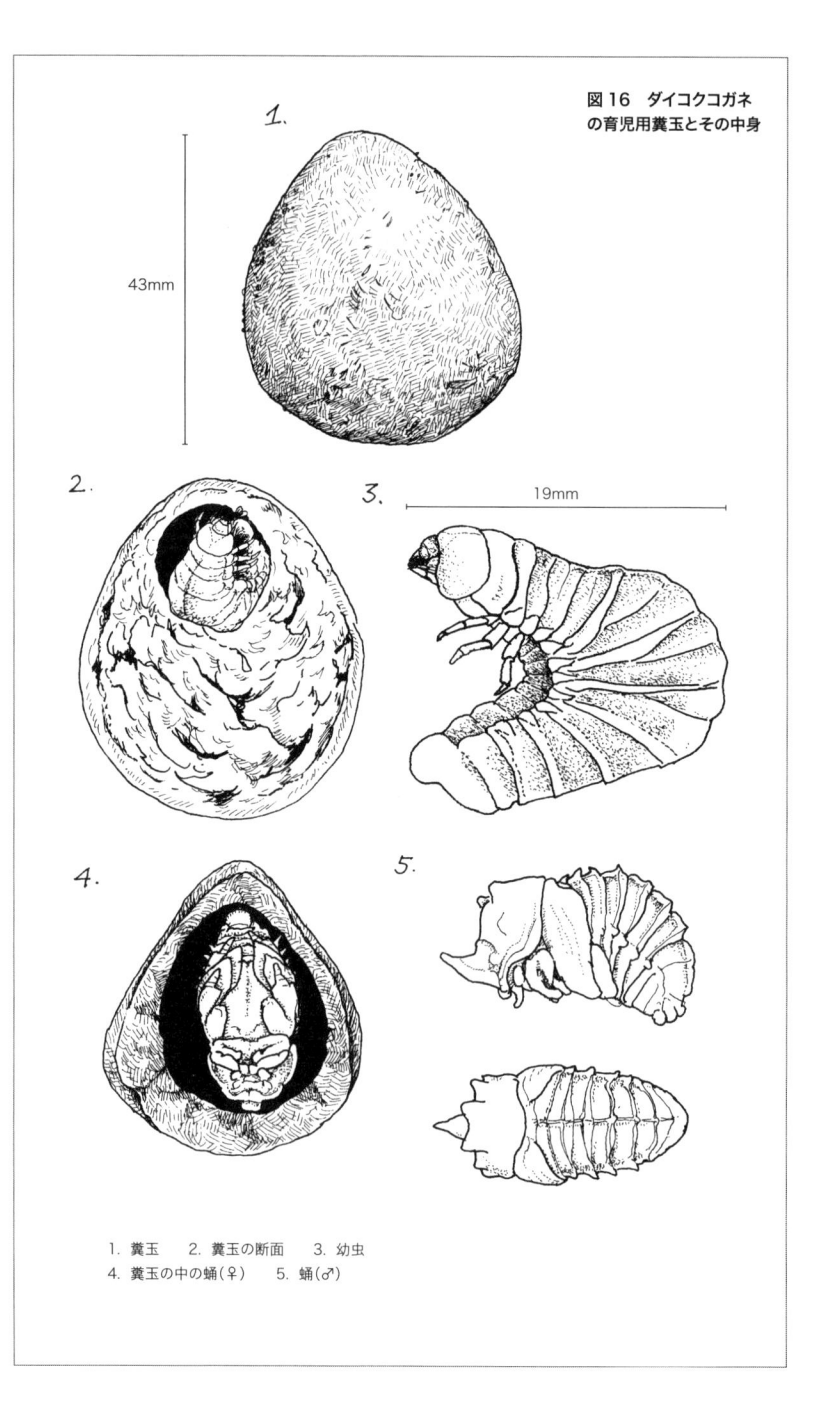

図16 ダイコクコガネの育児用糞玉とその中身

1. 糞玉　2. 糞玉の断面　3. 幼虫
4. 糞玉の中の蛹(♀)　5. 蛹(♂)

考え、図のように、ななめ上方から俯瞰したスケッチをここでは描いている。

　現在は畜舎飼いのウシが増えダイコクコガネが生息できる放牧地が減ってしまったり、飼料に含まれる薬剤のために幼虫がうまく育つことができなくなったりといったことで、ダイコクコガネは全国的に希少になってしまっている。埼玉周辺でもダイコクコガネは見ることができなかったため、北海道産の個体を飼育して、その育児用糞玉や、幼虫を観察したことがある（**図16**）。オトシブミの揺籃もそうであるが、糞虫の糞玉は、昆虫それ自体ではないのだが、その昆虫の生態に深く関わるものであり、また糞玉の「かたち」自体も大変に絵心を誘うものである。以後、生きた昆虫の残した揺籃・糞玉・巣・食べ跡・糞などをスケッチすることを、「生痕スケッチ」と呼ぶことにする。何を描くかというときに、昆虫だけでなく、生痕スケッチも興味ある題材ということができるし、そのような生痕を残す昆虫は、観察に適している昆虫であるともいえる。

　さて、希少になりつつあるダイコクコガネと比較すると、現在もなお、里山周辺などで普通に見られる糞虫が、タヌキやイヌの糞を利用するセンチコガネ科に属する、センチコガネである。センチコガネも、糞の脇の地面に、細長いトンネルを掘り、糞を運び入れる。タヌキは林の中の決まった場所に糞をする、ため糞と呼ばれる習性があるが、初夏ごろなど、ため糞場とは名ばかりで、糞はすべてセンチコガネに利用され跡形もなく、かわりに地表面にセンチコガネの掘った穴がいくつも開いているという光景に出会う。こうした場面のスケッチも生痕スケッチと呼べるものだろう。

　おもしろいことに、センチコガネは糞のおかれた地面が穴を掘るのに適していないような場合など、糞の小片を前脚で抱え、後ろ向きに引きずるようにして短距離を移動することがある（そのため、ときに、"日本でフンコロガシを見た……"と勘違いされることがある）。

　なお、もっと小型の糞虫である、エンマコガネ（タマオシコガネ亜科）やマグソコガネ（マグソコガネ亜科）の昆虫にも、さまざまな種類があり、種によって好むエサ（中には糞には集まらないものもある）や生息環境が異なっている。

コラム② コガネムシの仲間の中で、糞を利用して生きる糞虫は色彩や形態に富んだグループ。日本産の糞虫のいろいろ。

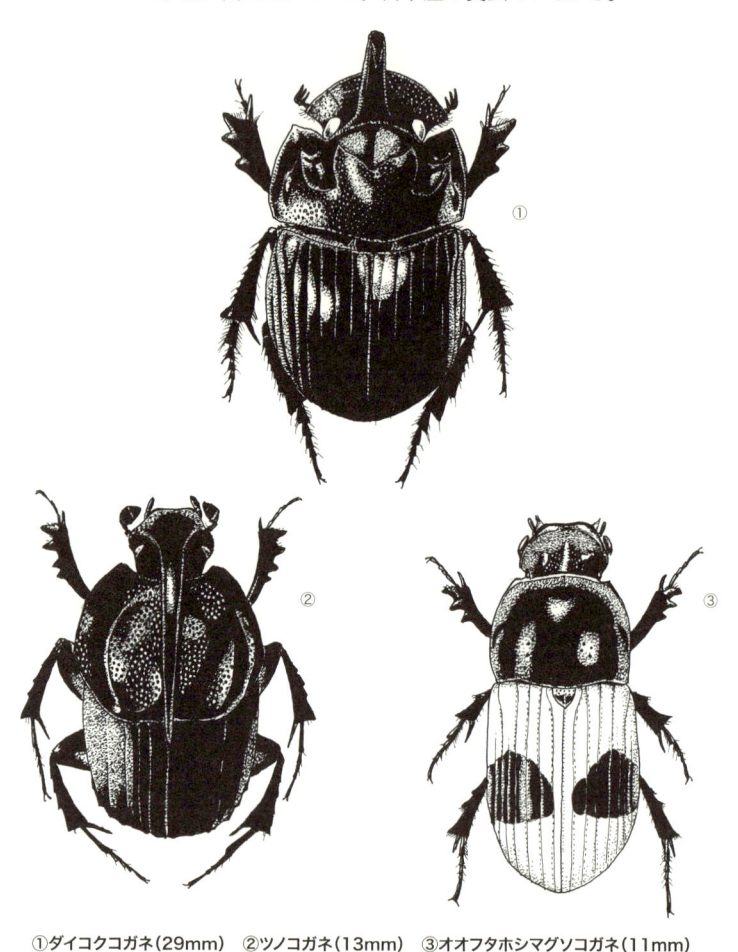

①ダイコクコガネ(29mm) ②ツノコガネ(13mm) ③オオフタホシマグソコガネ(11mm)

2-5 生態スケッチ

　日本にもこのように、「いろいろ」な糞虫がいるのにもかかわらず、糞玉を引きずって歩くフンコロガシを見たことがないのは、日本が島国で、大陸

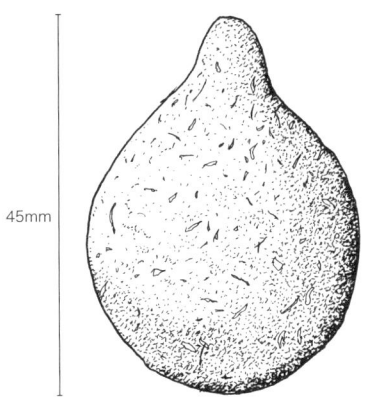

図17（左）　クサリタマオシコガネの育児用糞玉
図18（右）　台湾で見たヒラタタマオシコガネの糞玉
　　　　　　（直径 19mm）

に比べれば、哺乳類相が貧弱であるからだ。哺乳類の種類や数の多い大陸では、それだけ糞虫にとっての資源となる糞の総量も多いわけだが、糞をめぐる昆虫同士の競争も激しく、その中で、いち早く発見した資源を独占するために、玉にして転がすという戦略を選択するようになったのが、フンコロガシである。

　『ファーブル昆虫記』の白眉ともいえる部分が、フンコロガシの代表ともいえるタマオシコガネ族に含まれるスカラベ・サクレらの糞玉づくりと、その解明の記録だ。これらのフンコロガシは、糞玉を地下に埋めたあと、産卵をするために、ナシ玉とファーブルが呼んだ独特の形に成型する（**図17**）。このタマオシコガネの仲間は日本列島のとなりに位置する朝鮮半島までは分布しているが、日本にはいない。同様、タマオシコガネに近い仲間であるヒラタタマオシコガネも台湾までは分布しているが、残念なことに日本には分布していない。

　僕は台湾山中で、偶然、道上に転がる獣糞を丸め、転がすヒラタタマオシコガネを見ることができ、大変感動した覚えがある。ただし、感動のあまり、細部の記憶が残っていないのが、われながら残念である。そのときに観察したヒラタタマオシコガネが転がしていた糞玉のスケッチ（生痕スケッチ）が図示したものである（**図18**）。草食動物の糞と異なり、雑食動物の糞であったため、糞に残っている不消化物がさまざまで、糞玉はでこぼこであるのがわかる。

図19
マメダルマコガネ
(2〜3mm)

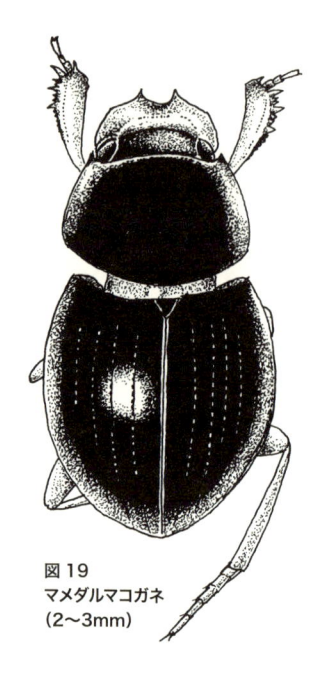

　ただし、より正確にいうと、日本にもフンコロガシがいないわけではない。タマオシコガネ亜科のマメダルマコガネ族の昆虫は日本にも分布しており、それらの昆虫は、糞玉を転がす。ただ、実際に日本産フンコロガシの知名度が極端に低いのは、このマメダルマコガネが非常に小さな昆虫であるからだ。体長2〜3mmほどしかないのである（**図19**）。観察してみると、この小さな昆虫が、長径3mmほどの糞玉（観察には、タヌキの糞を使用した）を、ちゃんと逆立ちをして転がした。が、この糞玉運びの観察には、ルーペや実体顕微鏡が必要となる。実際にこの糞玉運びを観察したときは、やはりかなり興奮した。それでもヒラタタマオシコガネの糞玉運びのときよりは冷静であったらしく、実体顕微鏡を見ながらのスケッチが残されている。オトシブミの揺籃づくりもそうであるが、生きた昆虫を観察しながらのスケッチ（「生態スケッチ」）は標本画のような精密さはないが、行動そのものの、貴重な記録といえる（**図20**）。
　牛糞を使用したトラップを仕掛けてみると、マメダルマコガネは、埼玉の雑木林に囲まれた学校の敷地内でも容易に複数採集ができた。これからすると、マメダルマコガネはそれほど数の少ない昆虫ではなく、ただ単に目に入らないだけなのだろうと思う。このトラップ仕掛けは、中学生を対象とした、生態系についての単元の授業内で、生徒実習としてやってみたものだ。冒頭に書いたように、教員になりたてのころは、中学生の「虫とかやんないでよね」というひとことに、昆虫を授業で扱うこと自体を自粛してしまっていた。しかし、いざ取り組ませてみると、中学生たちが、それこそコップの中に糞を入れた仕掛けで糞虫を捕るというような作業に、嬉々として取り組むことがわかった。昆虫だから教材にならないというわけではない。昆虫であっても、生徒たちの興味を惹きつけてやまない教材がある。糞虫は、生徒たちの無関心の殻を打ち破る昆虫の一つといっていいだろう。

図20 マメダルマコガネ
の生態スケッチ
(『飯能博物誌』No.862
1995年7月2日号より)

　マメダルマコガネの糞玉運びは、それだけで一見の価値があるものである。雑木林周辺にお住まいの方は、トラップを仕掛けてみてはどうだろうか。トラップに仕掛ける糞の入手が難しいという方は、頻度は低いが、雑木林で腐

りかけたキノコを見かけたら気をつけるようにすると、いいかもしれない。マメダルマコガネは糞だけでなく、こうした腐りかけたキノコに集まっていることもあるからだ。もしマメダルマコガネを捕まえることに成功したら、細かな砂を敷いたプラスチックケースの中に、糞の小片（観察にはタヌキのため糞から採ってきた糞を使ったが、何の糞でもいいだろう）を入れ、ルーペもしくは実体顕微鏡を傍らにおいて、気長に糞玉運びをする様子を観察することにチャレンジしてほしい。

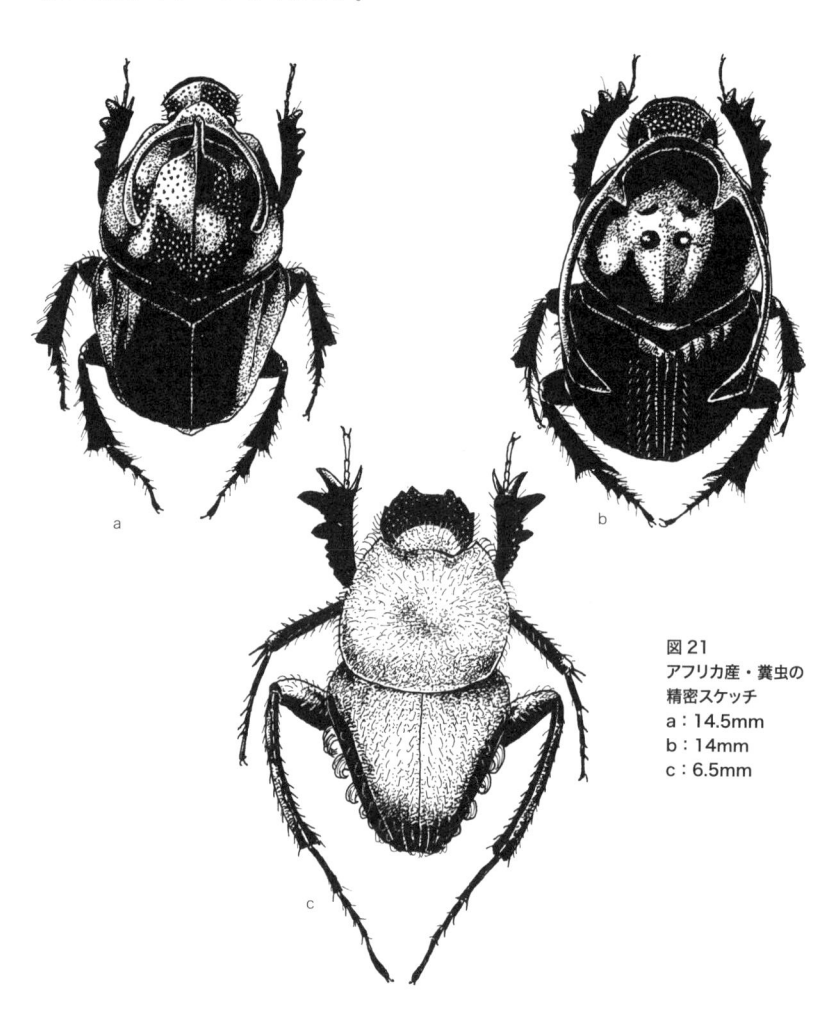

図21
アフリカ産・糞虫の
精密スケッチ
a：14.5mm
b：14mm
c：6.5mm

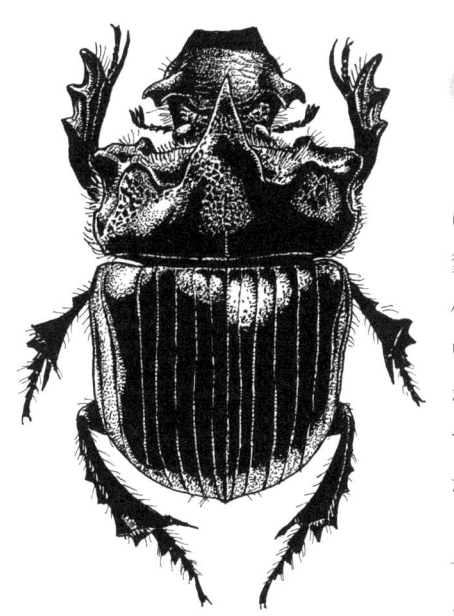

図22 ゾウの糞を利用する糞虫
東南アジア産（65mm）

2-6 生態系スケッチ

　ここで、一度、世界に目を転じることにする。世界には、実に「いろいろ」の糞虫たちがいる。アフリカ産の糞虫は、小型のものでも、カブトムシ顔負けの長い角を持っているものがいる。このような魅力ある「かたち」をした昆虫を前にすると、やはり精密スケッチまで手がけたくなる（**図21**）。

　また、東南アジアには巨大な糞虫（直下にトンネルを掘り、糞を運び込むタイプ）が生息している。このような巨大な糞虫が生息できるのは、その生息を保障している資源（つまりは糞）の存在である。この巨大な糞虫はアジアゾウの糞を利用するものである（**図22**）。昆虫というのは「どこにでもいて、なんでも食べる」というようなイメージを持たれる生き物であるが、実際はこのイメージには「昆虫全体として」という接頭語が必要となる。糞虫を見てわかるように、「特定の昆虫は特定の地域にしか分布しておらず、特定のエサを利用する」ということであるのだ。そしてだからこそ、世界を見渡したとき、昆虫は実に「いろいろ」の種類がいる。

　埼玉の教員時代、夏休みになると、あちこちと旅行をした。その旅先には海外もあった。

　アメリカの砂漠を旅したとき、砂漠の砂の上に、意外にも多くの昆虫のパーツが転がっていることに気づき、驚かされた。ただし、その昆虫たちは、みな、ゾウムシ科かゴミムシダマシ科に属する甲虫たちであった。こうした偏った甲虫のグループばかりが拾えるということこそが、砂漠という環境の一面をよく表していると思い、拾い集めたパーツをスケッチしてみた（**図23**）。

　また、ボルネオのキナバル山ろくに新設されたホテルに投宿したおり、まだできたてのホテルの庭の灯には、周囲から多くの昆虫たちが惹き寄せられ

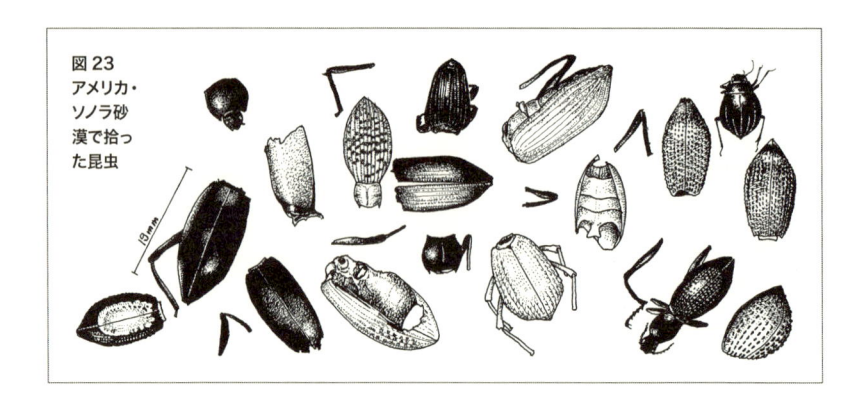

図23 アメリカ・ソノラ砂漠で拾った昆虫

てきていた。ホテルの庭を歩き回ると、あちこちに、灯に惹き寄せられてきたのち、鳥や動物たちに食べられた昆虫のカケラや、干からびた昆虫たちの死体が転がっていた。その中には日本では見ることのできない大型のカブトムシやホタルの姿もあった。熱帯は、世界でもっとも昆虫の多様性に富む地である。その熱帯の昆虫の「いろいろ」が、ホテルの庭先の昆虫の死体に凝縮されているような思いがして、拾い集めた死体をスケッチした（**図24**）。

　これらのスケッチは、個々の昆虫の「くらし」や「かたち」を表すものというより、それらの昆虫が生息している環境そのものを表すための「生態系スケッチ」とでもいえるものであるだろう。
　身近な生態系スケッチの例も、一つだけあげておくことにする。
　植え込みなどによく植栽される低木として、オオムラサキというツツジの品種がある。5月初旬ごろに、オオムラサキは大ぶりの花を咲かせるが、その少し前、つぼみが開きかけたころ、つぼみの周囲をよく見てほしい。オオムラサキのつぼみは、茶色の皮をかぶっているが、この皮には粘性がある。そのため、つぼみにとまった昆虫を、トラップしてしまうのである。なんのためにこのような粘着性がつぼみの皮にあるかははっきりわからない。つぼみへの食害を防ぐためであるかもしれない。また、この園芸種となったツツジの祖先である野生種の「くらし」において、つぼみの皮で昆虫を捕殺し、その皮が落下した際に多少なりとも植物体の栄養に寄与するということで、このような性質が獲得されたのかもしれない。いずれにせよ、オオムラサキ

図24
ボルネオのホテルの庭で拾った昆虫の死体　熱帯の昆虫相の豊かさがうかがえる

2　さまざまなスケッチ——47

のつぼみの皮は、意図せず、その周囲の昆虫相を明らかにする役目も果たす。都内の駅前の植え込みではせいぜいアリや小型のハエ類程度しか捕殺されていないが、郊外の寺の境内などに植栽されたものには、多種多様な昆虫が捕えられている。地点ごとに捕えられた昆虫のスケッチを見比べれば、その地の昆虫相の豊かさが明らかになるのではないかと思う（**図25**）。

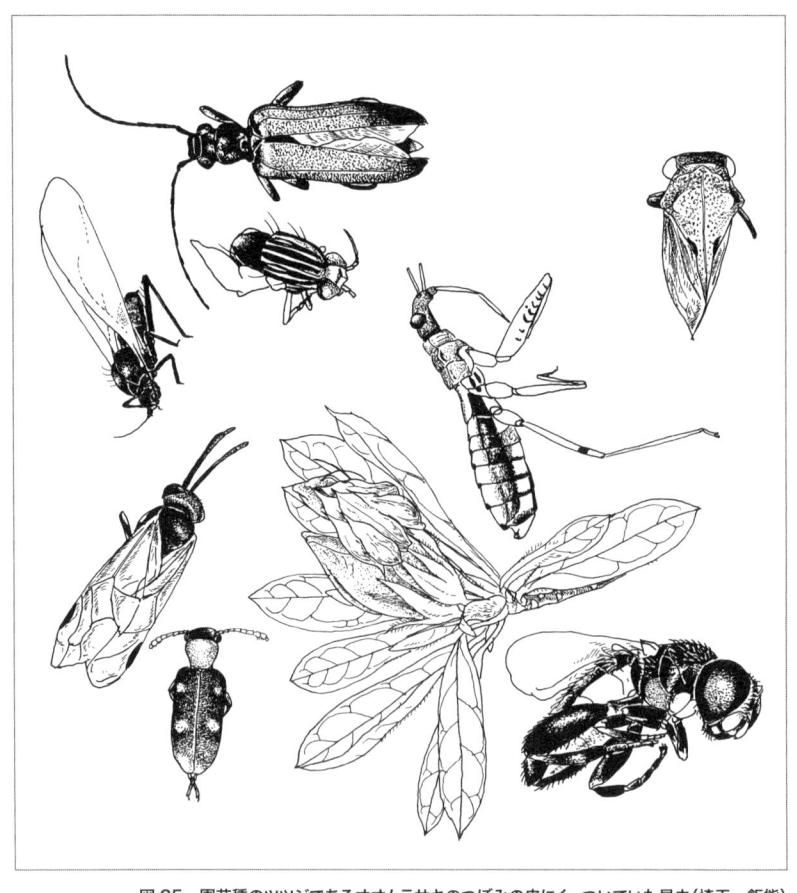

図25　園芸種のツツジであるオオムラサキのつぼみの皮にくっついていた昆虫（埼玉・飯能）

コラム③

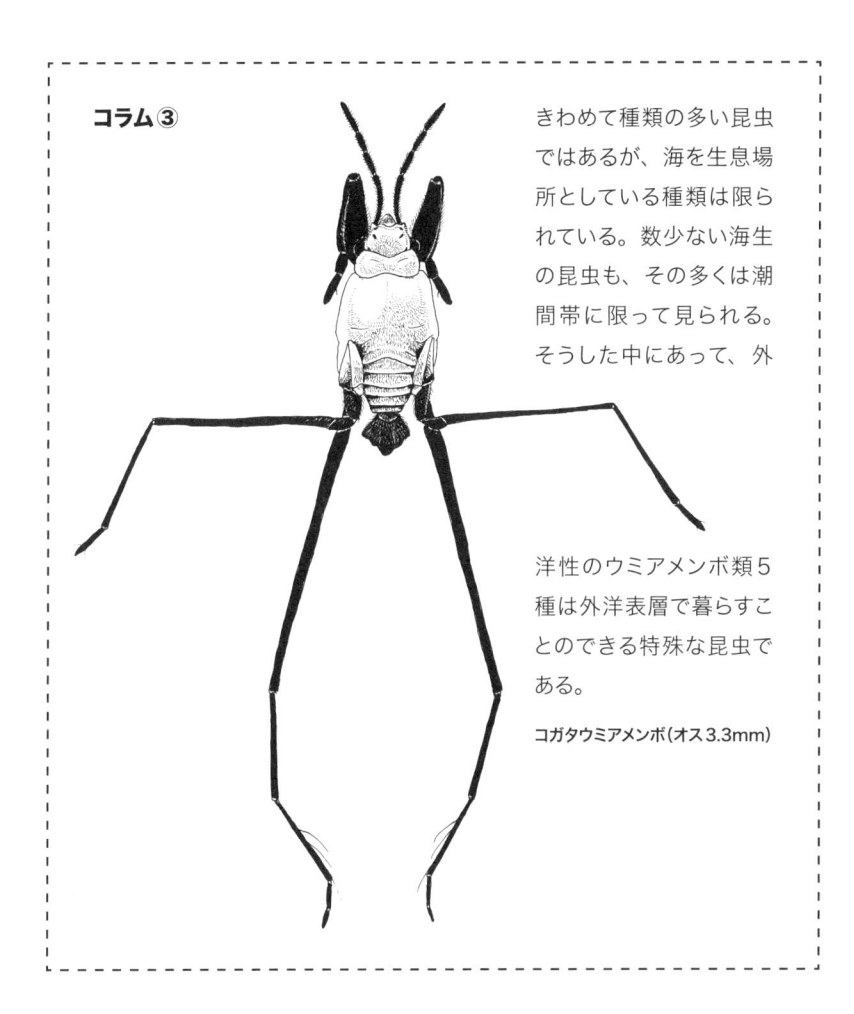

きわめて種類の多い昆虫ではあるが、海を生息場所としている種類は限られている。数少ない海生の昆虫も、その多くは潮間帯に限って見られる。そうした中にあって、外洋性のウミアメンボ類5種は外洋表層で暮らすことのできる特殊な昆虫である。

コガタウミアメンボ（オス3.3mm）

3 昆虫の多様性と分類

3–1 昆虫の多様性

　昆虫には実に「いろいろ」の種類がいる。専門用語でいいかえれば、多様性に富む。

　昆虫はすでに世界から100万種近くが記載されている（学名がつけられ、正式に発表されているということ）。昆虫は、分類学上は動物界の中の節足動物門のさらに六脚亜門という一つのグループにすぎないわけだが、その種数は知られている全生物（つまりは動物のほかに、微生物や植物も含んだもの）の種数の60％にあたる。そのうえ、現在も毎年7000種ほどがあらたに新種記載されている。つまるところ、現在もなお、いったい世界にどれだけの昆虫の総数が存在するのか、はっきりした数はわかっていない。

　たとえば、「キライな虫」として真っ先に名があがるゴキブリは、多くの場合、「ゴキブリ」としてしか認知されていないが、そのゴキブリにも種類があり、日本からは52種が記録されている（なお未記載種も存在している）。ゴキブリは熱帯地方に種類が多い昆虫である。日本と比べた場合、より北方に位置するイギリスから知られているゴキブリは日本より圧倒的に種類数が少ない（全8種）。同様に、日本でもより暖地のほうがゴキブリの種類は多い。県別でみると、埼玉県から知られているゴキブリは4種だが、沖縄県から知られているゴキブリは38種になる。

　日本で一番ゴキブリが多様な沖縄であっても、家の中に出没するのはワモンゴキブリかコワモンゴキブリが主体であって、家の中に何十種類ものゴキブリが出没をするわけではない。たとえば、那覇のK小学校3年生があげてくれた「キライな虫」の一つに、「ゴキタブリ」と呼ばれる虫があった。これは校庭や公園などの樹下で落ち葉の下にひそんでいることの多い、オガサワラゴキブリのことである。その名のとおり小笠原諸島のほか、九州南部

以南、琉球列島に分布しているゴキブリの一種である。ゴキブリの一種であるのにもかかわらず、小学生がゴキブリとは別の名で呼んでいたのは、屋内で見られる「ゴキブリ」とは異質なものだという認識がはたらいたからだろう。両者の大きな違いは、屋内性であるかどうかだ。オガサワラゴキブリのオスは、灯りに惹かれて、ときに屋内に飛んでくることがあるが、メスは体に比べ翅が短く、飛ぶことができない。一時的に屋内に入り込んだとしても、どうやら人家内では繁殖ができないようで、オガサワラゴキブリは人家近くで見られるものではあるが、屋内害虫とはなっていない。そのため、「ゴキブリ＝室内害虫」というイメージを持って見ると、オガサワラゴキブリはゴキブリっぽくないということになるわけだ（**図26**）。

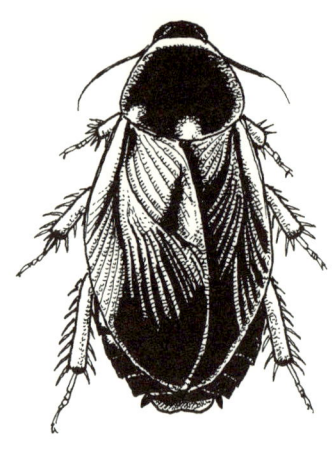

図26 オガサワラゴキブリ(11mm)

　オガサワラゴキブリ同様、日本産のゴキブリの多くは、屋外性の種類である。それらのゴキブリは日常的には目にする機会がなかなかないが、実にさまざまな特性を持っている。屋外性のゴキブリの中には朽ちた木材を食べて育つというクワガタの幼虫のような食性のものがいる（オオゴキブリ、クチキゴキブリ類）。また、翅が退化したもの（サツマゴキブリ）や、幼虫が沢沿いの石の下など、半分水につかったようなところでも見つかるもの（マダラゴキブリ）もいる。中には、成虫になっても体長が5mmほどしかないもの（ホラアナゴキブリ）や、さらには青い金属光沢のもの（ルリゴキブリ）など、ゴキブリという言葉で思い浮かべるイメージを超えている種類もある。

　このようなひとくちにゴキブリといわれる昆虫に内包される「いろいろ」に気づくと、各種のゴキブリを見比べてみたくなる。ひいては各種のゴキブリのスケッチを並べてみたくなる（**図27**）。スケッチを並べてみると、ゴキブリといっても、体型にさまざまな違いがあることが見えてくる。ゴキブリならゴキブリという一つのテーマに沿ってスケッチを並べるのが、「比較スケッチ」である。

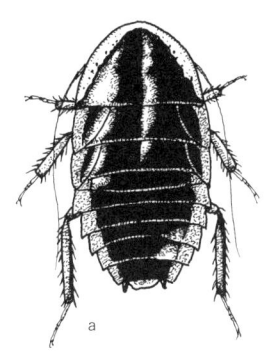

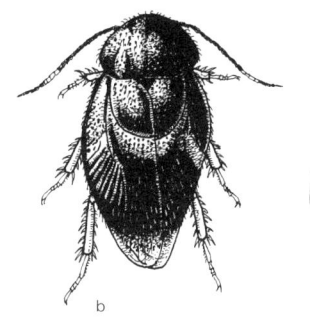

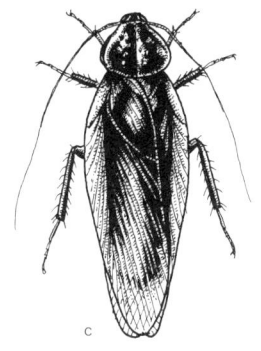

図27　ゴキブリ各種
a：サツマゴキブリ(25mm)
b：ルリゴキブリ(12mm)
c：ヤマトゴキブリ(32mm)

3-2　卵の多様性

　ゴキブリは、虫ギライの中高生たちの興味を強く喚起する昆虫である。
　たとえば、「ゴキブリは1匹見たら100匹いるというのは本当？」といった疑問を、生徒たちは持っている。これは、彼ら・彼女らの持っている「常識」といえる。常識からスタートし、その常識を打ち破ることができれば、授業の教材となりうる。
　では、本当のところは、ゴキブリはほかの昆虫に比べ、繁殖力が強いのだろうか。埼玉の教員時代、生徒とのやりとりの中から、そのような疑問を僕は持った。そのため、ゴキブリの飼育実験を始めることにした。
　埼玉の学校の校舎内で見られるゴキブリは、おもにヤマトゴキブリであった。このゴキブリは、日本在来のゴキブリで、雑木林にも普通に生息しており、その一部が家屋内にも侵入する。東京などの首都圏で普通に見るクロゴキブリに比べると、ヤマトゴキブリはきゃしゃな感じがするゴキブリである。オスはクロゴキブリに比べスリムであり、メスは成虫になっても、翅が短く、飛ぶことができないのがクロゴキブリとの大きな違いである。クロゴキブリは、外来種であるが、やや暖地を好むため、僕の勤務校では最初のうちは生息が確認できなかった（退職するころになると、若干、見られるようになったが）。このクロゴキブリが屋内に入り込むと、どうやらヤマトゴキブリのほうが競争に弱いらしく、クロゴキブリにとってかわってしまう。千葉の田舎に位置する僕の生家においても、室内に出没するのは、僕が子どものころ

コラム④　ゴキブリの中にも、それぞれの「くらし」にあわせた形態の多様性が見られる（前肢の形態いろいろ。縮尺は不定）。

①ワモンゴキブリ　②ヤマトゴキブリ　③サツマゴキブリ　④リュウキュウモリゴキブリ
⑤ウルシゴキブリ　⑥オオゴキブリ　⑦オガサワラゴキブリ　⑧タイワンクチキゴキブリ

からすでにクロゴキブリであったと思う。

　ただし、クロゴキブリにも弱点がある。前項で紹介したようにゴキブリは本来、暖地性の昆虫である。そのためクロゴキブリも寒冷な気象には適さないのである。ところが、在来のゴキブリであるヤマトゴキブリは、温帯北部

にまで進出することができるようになったゴキブリである（もともと青森までが分布範囲であったが、その後、人為によって、北海道南部にも分布を広げたらしい）。ヤマトゴキブリが寒冷地にまで分布を広げられるようになった理由は、冬という生育に不適な季節を、「越冬」するための方法を身につけたためである。たとえば、屋内性ゴキブリの代表であるチャバネゴキブリは、基本的に一年中、繁殖可能である。逆にいえば、越冬のしくみを持っておらず、寒冷地においては、気温が一定以下に下がってしまう屋外では生息が不能となる（ただし、北海道などでも、冬季に暖房が入りっぱなしになっている歓楽街の屋内などでは定着が可能となっている）。ヤマトゴキブリの場合、野外では、冬季、樹皮の下などで、幼虫のステージで冬を越す。

　実際、埼玉の学校周辺の雑木林の中で、枯死したマツの樹皮をめくってみると、そうしたところで越冬しているヤマトゴキブリの幼虫が見つかった。この越冬幼虫を飼い始めてみたところ、春になって幼虫たちは脱皮をして、成虫となった。

　ゴキブリの卵は見たことがあるかもしれない。ヤマトゴキブリやクロゴキブリは、小豆のような形のケース（卵鞘）に入った卵を産み落とす。越冬幼虫から飼い始めたヤマトゴキブリは、春になると羽化し、さらに交尾をして、産卵をし始めた。飼育ケースの中には、折り曲げた画用紙をシェルター替わりに入れていたが、その表面に卵鞘が産み付けられた。また、卵鞘の表面には、紙の断片が張り付けられていた。

　ここで、観察の主眼となった点が二つある。
　一つは、いったいゴキブリの産卵数はどのくらいかという点。
　もう一つは、ゴキブリの卵はどのくらいの期間を経て孵化し、成虫に至るかという点。
　一般に、産卵数が多く、成長期間が短いものほど、繁殖率は高くなる。生徒たちの「1匹見たら100匹いると思え」というゴキブリに対するイメージは、換言すれば「ゴキブリは繁殖力が強い」ということになる。すなわち生徒たちのイメージに即すれば、ゴキブリは産卵数が多いか、成長期間が短いはずである。

結論からいえば、こうした生徒たちの持っているイメージとはまったく逆の観察結果となった（つまり、ゴキブリは生徒の常識を打ち破る、教材に適した昆虫であるといえる）。

　まず、成長期間はほかの昆虫に比べ、かなり長い。ヤマトゴキブリの場合、卵が孵化するまでに１カ月以上かかった。そして孵化した幼虫は、１回目の冬を幼虫態で越冬し、なんと２回目の冬も幼虫態で越冬し、３回目の春にようやく羽化して成虫になった（もっとも、このデータは、僕の飼育下での条件があまりよくなかった点も影響しているようで、春に産み付けられた卵から孵化したヤマトゴキブリなら、普通、１回だけの越冬で、翌年の春には成虫になると文献にはある。それでも案外と時間がかかる）。ただし、こうした成長期間はゴキブリの種類によっても異なっている。たとえばチャバネゴキブリでは（温度が保たれていれば）、ヤマトゴキブリよりも成長はずっと早い。

　また、ヤマトゴキブリの１個の卵鞘の中に入っている卵の数は８〜14個であり、一生の間には、おおよそ300〜400個ほどの卵を産むと推定された。このゴキブリの産卵数は、昆虫の産卵数の中では、以下のように「並」の部類に入る。

　昆虫学者の岩田久仁雄は、さまざまな昆虫の産卵数を調べ、以下のような分類をおこなっている。

極端な多産者（5000個以上）：ツチハンミョウ類（17000）、スズメバチネジレバネ（推定数十万）、カマキリモドキ類（8000）

多産者（2000個以上）：チャミノガ（3100）、ヨトウガ（3000）

第二の多産者（2000〜800）：ニジュウヤホシテントウ（900）、マツカレハ（900）

並（800〜200）：アブラゼミ（360）、モモチョッキリ（230）、ゲンジボタル（500）

やや少ない（200〜）：オオカマキリ（200）

少ない（100〜）：マツノキクイ（60）、ヒメコガネ（50）

（岩田　1983を改変）

ここにあげた昆虫のうち、極端な多産者として名があがっているスズメバチネジレバネやカマキリモドキ、ツチハンミョウは一生のどこかで寄生生活を送る昆虫である。寄生生活の場合、そのホストにめぐりあえるまでが偶然に左右され、生存確率が低くなるためどうしても多産にならざるをえないのだ。この中でもスズメバチネジレバネのメスは、スズメバチの腹の中におさまって一生を終えるため、とうてい成虫とは思えない奇異な姿をした昆虫である（**図28**）。このように、「身近」なゴキブリを調べていくと、関連してさまざまな昆虫にも、比較の対象としての興味がわく。

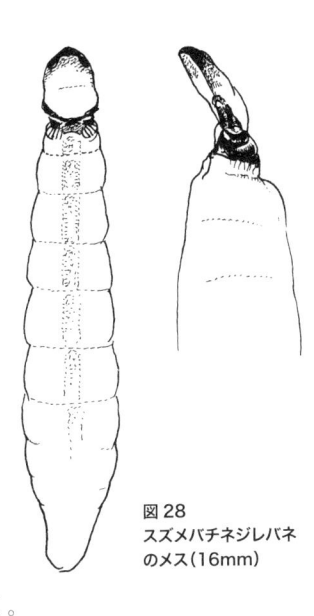

図28
スズメバチネジレバネ
のメス（16mm）

　同様、ゴキブリの産卵数への興味は、昆虫の卵全般への興味へも広がっていく。一般法則として、産卵数が多くなれば、一つ一つの卵は小さくならざるをえない。逆に産卵数を減らすことで、卵の大きさを大きくすることが可能となる。ゴキブリの卵の大きさは、ほかの昆虫に比べていかほどか。はたまた、どんな昆虫の卵が大きいのか。その理由は何か。そのような興味から機会があるごとに、昆虫の卵をスケッチすることにした。このとき、比較が容易になるように、作画のときの倍率を一定にしておいた。スケッチの便利な点は、容易に異なるスケッチを組み合わせて、一つの図版にすることができることである。結果、手元に、「いろいろ」な昆虫の卵のスケッチが残されることになった（**図29**）。こうした成長段階のある時期について横断的に集めてみる（例：幼虫期、蛹期など）というのも、比較スケッチとしておもしろい題材であるだろう。

3-3 「かたち」の共通点と意味

　「はじめに」で少しふれたが、僕は埼玉の教員生活を15年勤めたあと、沖縄に移住した。現在は大学で、都市化された環境で生まれ育ち、虫なんて

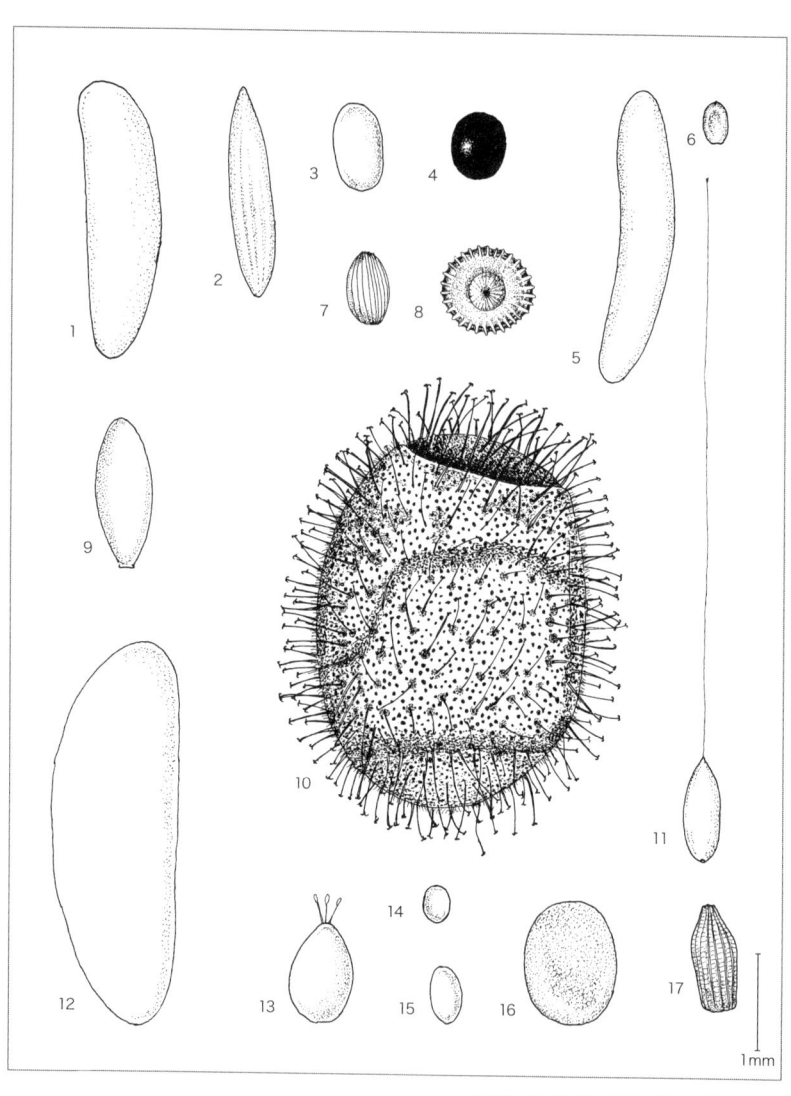

図29 いろいろな昆虫の卵の比較スケッチ

1：コカマキリ　2：アブラゼミ
3：ミノガの一種　4：コウモリガの一種
5：エンマコオロギ　6：セミヤドリガ
7：テングチョウ　8：ウラゴマダラシジミ
9：ナミテントウ　10：コブナナフシ
11：クサカゲロウの一種
12：ヤマトゴキブリ　13：クヌギカメムシ
14：ルリオトシブミ　15：ノミの一種
16：カイコ　17：モンシロチョウ

キライと思っている学生たちを相手に、授業をしている。

　僕のゼミを受講したＫという女子学生は、学年一番の「虫ギライ」であった（そんな学生が、僕のゼミをわざわざ選ぶのがおもしろいことだ）。学年一番の「虫ギライ」だけあって、彼女に昆虫の悪口をいわせると、はてしない。その悪口を聞いていると、「虫ギライ」といいつつ、昆虫にまったく関心のない学生よりも、昆虫のことを（勘違いなどはあるにせよ）知っていたり、気にしていたりするのではないかと思う。少なくとも、僕との会話に困ることがない。Ｋはむろん、ゴキブリがキライである。一番キライなのはケムシであるといっていた。では、ホタルはどうか。ホタルは一般に、昆虫に興味がない人にとっても、人気のある昆虫である。

　意外なことに、Ｋはホタルもまったくダメだという。その理由は、「裏返すと、ゴキブリに似ているから」というものであった。それまで、昆虫の裏側をまじまじと比較してみたことがなかったので、この指摘は新鮮であった。Ｋのいうことに興味を持って、ゴキブリとホタルの裏側を比較してみると、確かに似ているといえば似ている（**図30**）。

　その後、注意して見ると、同様の発言をする学生はほかにもいた。たとえば、「ゴキブリとホタルは仲間なの？」と質問をしてきた学生がいるのである。

　昆虫に少しでも興味がある人なら、ゴキブリとホタルがまったく異なった昆虫の仲間であることはいわずもがなであるだろう。しかし、この両者を同類と思う学生がいるというのは、事実である。すなわち、この事実から、三つのことが明らかになると思う。

　⦿　一般に、昆虫の仲間分けがどのようになっているのかということについては、案外、周知されていない。
　⦿　昆虫の体には、たとえばゴキブリとホタルにおいても基本的に共通したつくりがある。
　⦿　ゴキブリとホタルは、ほかの昆虫の取り合わせよりも似ていると思われやすい。つまり、昆虫に基本的に共通したつくり以外でも、両者で似通った点がある。

学生たちとやりとりをしていて、以上の3点に関して、興味が喚起されることになった。結果、昆虫をスケッチするときの、あらたな視点に気づくということになる。

前項の3点について、より具体的に考えてみることにする。このうち、昆虫の仲間分けに関しては、あとに回す。

ゴキブリとホタルが「似ている」のは、ある種、当然である。それは、ゴキブリは、古い時代に登場した昆虫であり、したがって、祖先的な形質を色濃く残している昆虫であるからだ。つまり、昆虫の基本形に近い形をしているということである。そのため、どんな昆虫も、基本的にはゴキブリに似ているところがあるといってもいいだろう。また、学生が「裏返したとき」といっていたのも、大変重要な指摘である。昆虫を上面から見ると、翅で隠されて見えない部分が多いのだが、腹面から見ると、体のつくりがよくわかるということである。そして、腹面から見た

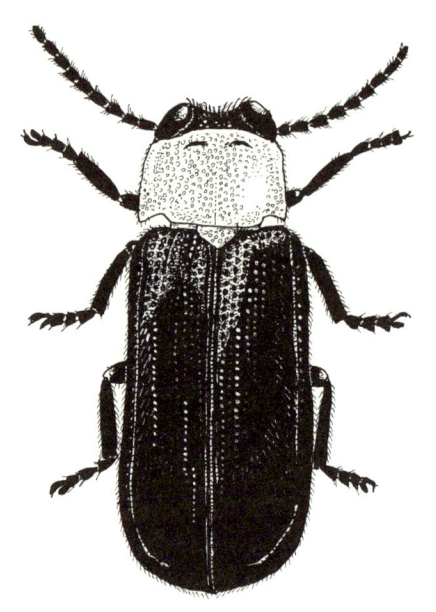

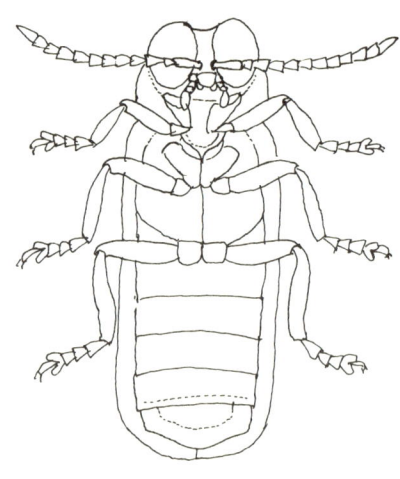

図30　ホタルとその「裏側」
オキナワスジボタル(6.3mm)

ときに目に入る、昆虫の頭、各節か1対の脚をつける胸、腹部という基本構造は、どの昆虫でも同じであるのだ。

しかし、ゴキブリとホタルは基本構造が似ているだけではなく、この両者に限って似ている点があるということが、学生の発言から読み取れる。

ある小学校で昆虫の授業をしていたとき、「虫」と昆虫の使い分けができるよう、「キライな虫」の仲間分けをしていたら、「ゴキブリは昆虫じゃない」という発言があって、少し驚かされたことがある。発言をした男子生徒がなぜ、そのような発言をしたか聞いてみると、きちんとした理由があって、また驚かされた。彼はその理由を「ゴキブリは昆虫じゃない。だって、昆虫は、頭、胸、腹の三つに分かれているでしょう。でも、ゴキブリの体は二つにしか分かれていない」というように語った。彼は、小学校３年生で習う昆虫の定義を理解していなかったのではなく、理解していたからこそ、「ゴキブリは昆虫ではない」と発言をしたのである。

　この男子生徒がいうように、ゴキブリは、一見、体が二つにしか分かれていないように見える。なぜなら、前胸が発達しており、頭がその前胸に隠れるようにあるからだ。自分の体でゴキブリのポーズを真似してみるとすると、四つんばいになったうえで、顎を胸に近づけ、着衣の襟の背中の部分を引っ張り上げて後頭部を覆い隠す……という格好になる。こうした体のつくりは、ゴキブリが隙間に入り込むような生活に適応し、獲得したものである。化石で見つかるゴキブリも、同様の姿をしているものもあるが、中には頭部をまっすぐ前に向け、頭部がそれほどしっかりと前胸に隠れていないもの（真似をすると、四つんばいになって、今度は顎を持ち上げている状態）もあるという。これはまだ、隙間生活に適応する前の姿を保持しているゴキブリがいたということだ（つまり、３億年前に出現したというゴキブリも、モデルチェンジをおこなっているわけである）。

　先の大学生の発言で、「ホタルはゴキブリの仲間なの？」とあったのも、実はホタルも種類による差はあるものの、前胸が目立つ割に頭が隠れるようにしてあるからだ。たとえばマドボタルやオバボタルの仲間などは、上から見ると、頭部は前胸に隠れて見えないのである（図31）。こうしたホタルの前胸の発達が、「ホタルはゴキブリに似ている」と思われる要因の一つとなっていると思われる。ただし、ホタルの場合、なぜ、前胸が目立ち、頭が隠れるようにしてあるのかはっきりしない。ホタルはゴキブリと異なり、隙間に入り込むような適応のためではないことは確かである。ゲンジボタルにせよ、ヘイケボタルにせよ、その配色を見ると、前胸に赤い部分を持ち、

翅（飛ぶための後翅を覆う前翅）は黒い。また、沖縄島で普通に見られるオキナワスジボタルとクロイワボタルはともに前胸が黄色で、翅はやはり黒である。こうした配色は、あえて目立つための目的（警戒色）であるように思える。

　実は、ホタルは捕まるといやなニオイを出したりすることがある。つまり、目立つ色は、おいしくないことのアピールである可能性がある。実際、海外においては、ホタルをモデルとして、ホタルに擬態した昆虫たちが数多くいることが報告されている。つまり、警戒色としてのアピールが、前胸の存在が目立つことと関連があるのかもしれない。

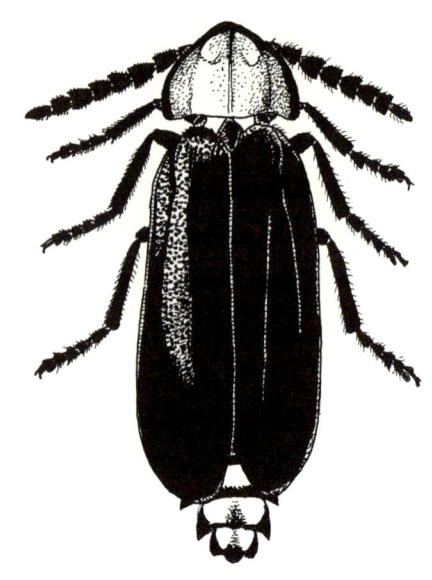

図31　ハラアカオバボタル(13mm)
前胸が発達している

　また、体が硬いものが多い甲虫の仲間にあって、ホタルは体が柔らかいという特徴を持っている。これも、ホタルが捕食者にとって、「イヤな昆虫」であるとすると、体が柔らかいことの説明がなしうる。甲虫の体が硬いのは、むろん、捕食者への対抗策であるだろう。体を硬くするためにはエネルギーが必要であるので、もし、「有毒成分」や「イヤなニオイ」「イヤな味」などを持ち合わせ、捕食を免れうるのなら、体を硬くするためにエネルギーを使うのはむだであるということになる。

　ホタルのこの体が柔らかいという特徴も、ゴキブリに似ている。ゴキブリの体が柔らかいのは、隙間に入り込んで暮らすため、体表をそれほど硬くする必要がなかったことに起因するだろう。

　ホタルとゴキブリは、適応的にはまったく別の意味合いで、前胸が目立ち、同様に別の意味合いで体が柔らかい。いずれにせよ、「かたち」には意味がある。スケッチをするということは、その意味を問うという作業である。

3-4 昆虫の仲間分け

　僕は昆虫を扱う授業において、昆虫が苦手な学生たちを対象としている。そのため、昆虫のことを紹介することで、かえって昆虫を敬遠するようにならないような工夫が必要であると考えている。

　具体的な例をあげる。昆虫は先にも書いたように、きわめて種類が多い。そのことがまさに昆虫の魅力でもある。しかし、昆虫が苦手な学生にとっては、「昆虫は種類が多すぎて、何がなんだかわからない」という認識になりかねない。そこで、学生たちに対して、昆虫の仲間分けをする際は、「大まかなグループ分けができればいいんだよ」というアドバイスを与えることにしている（これは自然を見ていくときに広く一般化しうるアドバイスではないかとも思う）。

　実際、自分自身が自然観察会の講師をしている場合を思い返しても、観察会に参加した子どもたちが見つけた昆虫の名前をすべて、その場ですぐに答えられているわけではない（僕は物覚えが悪く、なかなか昆虫の名前を覚えられないというせいでもある）。そんなときに、子どもたちに対して「これは○○の仲間だよ」と答えることにしている。つまり、学生たちに対して、「昆虫の種類がはっきりわからなくても、○○の仲間といえるようになればいい」とアドバイスをしているわけである。

　たとえば、ここまで書いてきたようにゴキブリにも種類が「いろいろ」あるが、その種名がわからなくとも、「これはゴキブリの仲間」といういい方が身につくといいというわけである。学生たちにしているアドバイスを具体的に紹介すると、昆虫は「トンボ」「バッタ」「カメムシ・セミ」「ハチ」「ハエ」「甲虫」「チョウ」の七つのグループ（七大主要グループ）と、「そのほか」に分けられればいい……と伝えている。このような大まかなグループ分けができるようになることが、「いろいろ」な種類がいる昆虫を、整理して見られるようになる第一歩であると考えている。

　ものを分けるということは、何かしらのルールがそこにあるということである。昆虫の仲間分けのルールは、昆虫の「れきし」と深く関わっている。

つまり、昆虫の「れきし」を知ることは、多様な昆虫を見ていくときの、尺度を持つということにつながる。
　このことに気づいてもらうために、大学の昆虫を扱った授業では、次のような問を学生たちに出している。
　「ゴキブリ、トンボ、ハエ、チョウ、セミの中で、もっとも原始的な体のつくりを残している昆虫はどれか？」
　授業の中で、こう問うと、学生たちは、たいてい、「ゴキブリ」と答える。ゴキブリは確かに昆虫の中では、古い時代に出現をした仲間である。ゴキブリの出現は約3億年前にさかのぼる。そのため、ゴキブリは「生きている化石」であると思っている学生も少なくない（「生きている化石」の正確な定義はないので、ゴキブリを「生きている化石」に含めても含めなくてもかまわない）。しかし、先の問の答えはゴキブリではない。トンボのほうが、より体のつくりが原始的であるのだ。トンボがより原始的というわけは、翅のつくりに関わっている。

　ここで、昆虫の翅の「れきし」について見てみよう。昆虫の翅のつくりが、昆虫の仲間分けの鍵となっているからである。そして、昆虫が地球上でもっとも繁栄した生物となったのは、この翅を獲得したことと大いに関わっているといわれている。
　昆虫の祖先は、翅を持っていなかった。やがて、胸の皮膚にでっぱりができ、それが翅となる。翅の起源については、まだ「翅の途上」にあるような「かたち」を残した昆虫の化石が見つかっていないので、はっきりわかっていないことが多い。それでも昆虫が飛翔を獲得したのは、おそらく古生代のデボン紀～石炭紀にかけてのことだと考えられている。翅の起源について議論になってきたのは、まだ飛翔に役立たないような中途半端なでっぱりがどのようにして生じ翅にまで発達したのか？という点である。
　この点に関しては、次のような議論がなされている。
　まず、中途半端な大きさの「翅」は、飛ぶためには役立たなくても、体温調節や求愛に役立ったのではないかという仮説が提唱されてきた。また、羽ばたいて飛翔するのには小さくて役に立たなくても、樹上から滑空するうえ

では役に立ったのではないかという仮説も提唱されている。たとえばアリには翅がないが、樹上性のアリの中には、樹上から飛び降りることで身を守る習性を持っているものが知られていて、これらのアリは、翅はなくても空中で体勢をコントロールして、もとの幹に着地するものもあるという。すなわち、小さなでっぱりでも、滑空中の体勢のコントロールに役立ったり、落下速度を調節したりするのに役立ったりした可能性があるということだ。この仮説は、昆虫が飛翔を獲得したと考えられる時代に、ちょうど森林が発達していたことを背景にしている（その森林が石炭の素となった）。

　翅の起源に関しては、体のどの部分がどのように翅へと変化したのかについても、議論がなされている。
　この点に関しては、これまで大きく「側背板起源説」と「付属肢器官起源説」という二つの仮説が提唱されてきた。側背板起源説は、胸の背部が側方に広がり、翅になったという仮説である。これは翅の位置や形から考えやすい仮説である。その一方で、背部の広がりということからすると、翅を動かす筋肉の由来が説明できないという難点を持つ。付属肢器官起源説は、脚の基部の突起が発達して翅になったという仮説で、このような脚の基部の突起の例として、イシノミという無翅の昆虫の脚の基部の腹棘などがあり、可能性として考えうるものである。一方で、平たい翅のような形がはたして脚の基部の突起からつくりだされるのかということや、脚の基部の突起が背部にある翅になりうるのかという疑問が出されてきた。ところが、近年、遺伝子の研究から、この二つの仮説の両方が関わって翅が生み出されたのではないかという研究結果が報告されている。翅の発達には、「背部の広がり」と「脚の発達」にはたらく、両方の遺伝子が関わっているのではないかということである。昆虫の翅の起源については、このように、まだ解明途中のことも多い。

　さて、昆虫の翅の「その後」と、昆虫の分類について見てみよう。
最初はでっぱりとしてあった「翅」は、やがてその基部に関節ができて、可動性が生まれた。トンボもゴキブリも、基本的な翅の構造は変わらない。ただし、トンボの翅はとまっているときも体の左右に開かれたままであるけれ

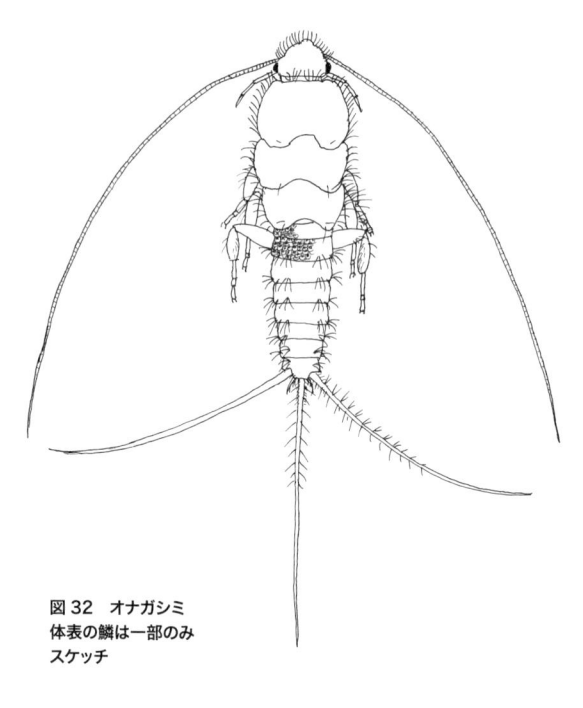

図32　オナガシミ
体表の鱗は一部のみ
スケッチ

ども（もしくはイトトンボなどでは体の上方であわせて閉じることはできるが）、ゴキブリの場合、翅を使わないときは、腹部の上にぴったり重ねて翅をたたむことができるようになっている。つまり、不要なときに、じゃまにならないように翅を収納するしくみがそなわっているということだ。これによって、腹部が翅で覆われるようになった（保護されるようになった）と同時に、飛ばないときは、翅を傷つけずに隙間に潜り込んだりすることができるようにもなった。ゴキブリは、そのような「かたち」を獲得した昆虫である。こうした点において、ゴキブリのほうが、トンボよりも、より進化した「かたち」をしているということになる。

　ちなみに、トンボよりも、さらに原始的な体のつくりをした昆虫を、家の中で見ることができる。それが、積み上げて放置してあった本を開いたりしたときに、頁の間からちょろりと姿を現す、銀色の小さな虫、シミである（**図32**）。シミには翅がない。まだ昆虫が翅を獲得する前の姿を残しているのである。沖縄の家屋にはシミが多く、学生に聞いてみたところ、名前は知らなくても、居合わせた学生のうち、約半数がシミを見たことがあるという返答を返してくれた（沖縄のわが家に出没するのは、オナガシミという種類である）。シミこそ、ゴキブリよりも古い体のしくみを今に残す、「生きている化石」ということができよう。

昆虫を観察するといっても、家の中に出没するシミなどは、ついつい視野の外になりがちである。しかし、こうして翅の「れきし」を整理しようとすると、シミの「かたち」をスケッチで紙に落としてみたくなる。
　どんな昆虫をスケッチしようかと迷ったとき、「れきし」をさぐって「かたち」に目をこらすというのは、一つの方法である。

3-5　ゴキブリの「れきし」

　どんな昆虫にも「れきし」はある。
　ゴキブリはなぜきらわれるのか。
　たとえば、そんな問題にも、「れきし」が関わっていそうだ。
　授業の中で、学生たちに、「ゴキブリがなぜキライなのか」をたずねてみることにした。いわく、「気持ちが悪い」「顔のほうに飛んできたりするから、怖い」「汚い」……こうしたことが理由であるそうだ。
　「気持ちが悪い」というのは個人的な感情であるから、とやかくいうことはできない。ただ、さらに理由を聞くと、「体の色が透き通っている感じがイヤ」という声があがった。ゴキブリは、古い「れきし」を持つ昆虫である。ゴキブリの出自は3億年前の石炭紀にさかのぼる。石炭紀、温暖で湿潤な大森林の中で、ゴキブリたちは天敵からのがれて、さまざまな隙間に隠れすむ「くらし」を身につけた。現在のゴキブリは、この時代に獲得した性質を基本的に受け継いでいる。ゴキブリはたいそう強健な昆虫と思われているが、そうではない。特に、乾燥には弱い。ゴキブリの体は柔らかく、乾燥に対して強い抵抗性を持ってはいない（「体の色が透き通っている感じ」ということとつながる）。
　「顔のほうに飛んできたりするから、怖い」という、ゴキブリがきらわれる理由に関しても、ゴキブリの「れきし」は関わっている。また、この場合は、ゴキブリを弁護する必要があるとも思う。ゴキブリは、「顔のほうに飛んできたりするから、怖い」というのは、誤解にもとづいていると思うからだ。ゴキブリは先に書いたように、古いタイプの昆虫である。つまり、飛翔能力はさほど高くない。そのため、障害物をうまくよけることができず、飛

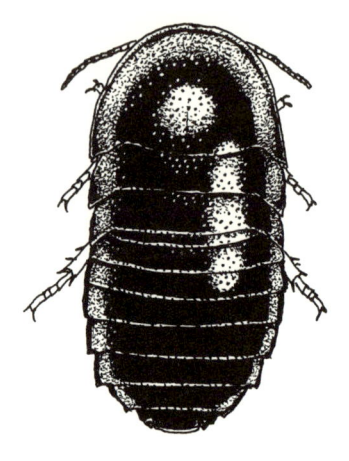

図33　ヒメマルゴキブリ(メス)
(11mm)

行経路近くに人が立っていると、よけるかわりにとまろうとするわけである。

　このゴキブリの飛翔という話題に関連して、すべてのゴキブリが飛べるわけではないということも、補足しておく必要がある。
　ゴキブリの「れきし」が進むにつれ、ゴキブリにも「いろいろ」な「かたち」が生み出されるようになった。放散と呼ばれる現象である。ゴキブリは翅に関しても、「いろいろ」なあり方が存在している。
　チャバネゴキブリは屋内性ゴキブリとしてつとに有名であるが、このゴキブリは飛ぶことができない。立派な翅を持っているのにもかかわらず、飛翔能力がないのである。屋外性の重量級のゴキブリであるオオゴキブリも、一見、立派な翅があるように見えても、体重に対しての翅の比率が小さく、やはり飛ぶことができない。
　在来の屋外性ゴキブリであるが、ときに屋内害虫ともなるヤマトゴキブリや、先に登場したオガサワラゴキブリ、奄美大島や石垣・西表島で見られるスズキゴキブリでは、オスには飛翔能力があっても、メスでは翅が退化していて、飛翔能力がない。マルゴキブリやヒメマルゴキブリでは、オスは一般のゴキブリ体型をしているが、メスは無翅で、まるでダンゴムシのような体型をしている（図33）。このような特殊な形をしたゴキブリは、ひどく絵心をくすぐるものである。
　暖地に見られる屋外性のサツマゴキブリでは、オスもメスも、ほとんど痕跡状の翅しか持っていない。九州南部に分布する、朽木の中で暮らすエサキクチキゴキブリも、オス・メスともに、痕跡的な翅しか持っていない（図34）。
　おもしろいのは、奄美・沖縄の島々で見られる、朽木の中で暮らすリュウキュウクチキゴキブリやタイワンクチキゴキブリである。これらのゴキブリは羽化したばかりのころは飛翔能力のある翅を持つが、幼虫時代に暮らして

いた朽木を飛び出し、オス・メスがカップリングに成功し、あらたな朽木の中にすみつくと、お互いに翅をかじりあい飛べなくなってしまう。

　では、ゴキブリがきらわれる理由のうち、ゴキブリは「汚い」という点については「れきし」との関わりはあるのだろうか。
　ゴキブリの「れきし」は、ゴキブリ単独の「れきし」としては存在しない。いや、ゴキブリに限らず、どんな生き物にせよ、その生き物の「れきし」とは、関わりのある生き物同士の相互作用の「れきし」にほかならない。

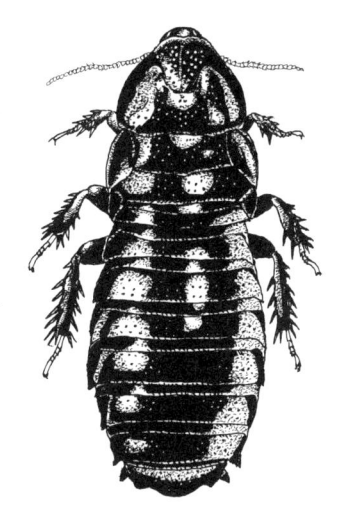

図34　エサキクチキゴキブリ（33mm）

ゴキブリが隙間生活にあった「かたち」となり、それが今に続いたのは、生活場所である森林の存在や、ゴキブリを脅かす天敵の存在があってのことだ。天敵というと、捕食性の鳥や爬虫類などの姿が真っ先に思い浮かぶが、昆虫たちには、目に見えないような天敵も存在している。それが、菌類である。
　菌類（カビやキノコなどの真菌類と、細菌をともに含む）はゴキブリをはじめとする昆虫たちにとって、危険な存在である。そのため、菌類が多く存在するような環境に生息する昆虫の中には、菌類との闘いの「れきし」を経て、抗菌作用を獲得したものがいる。そしてまさに人家に出没をするゴキブリは、抗菌物質を分泌することができ、そのために菌類が存在する環境でも、自身は菌類に侵されることがなく暮らすことができるのである。ゴキブリ自体、生まれつき、何かしらの菌類を持っているわけではない。もしゴキブリが「汚い」としたら、それは、そのゴキブリが暮らしている生活環境が「汚い」ためである。つまりは人間が、暮らしている環境を汚くしていると、そこにすんでいるゴキブリも「汚い」。
　さらに、ゴキブリと菌類の関係について補足しておく。
　たとえば、昆虫病原菌の一つに、冬虫夏草と呼ばれる菌類がある。これは、昆虫にとりついたのち、殺し、その昆虫を栄養としてキノコを昆虫の体外に

伸ばす菌（真菌類のうち、子嚢菌類）だ。冬虫夏草でもっとも有名な種類は、チベット高原などに産する、コウモリガの仲間の幼虫にとりつく種類で、このキノコは古くから漢方薬として利用されてきた。この冬虫夏草にはさまざまな種類があり、さまざまな昆虫をホストとするが、ゴキブリにとりつく冬虫夏草は、現在まで、世界で2種類しか知られていない。これは、ゴキブリが抗菌物質を持っているためと考えられる（それでもその抗菌作用に打ち勝つことのできる菌もまたあるということだ）。世界から知られるゴキブリ生の冬虫夏草の一つが、宮崎県と鹿児島県から記録のある、ヒュウガゴキブリタケという、エサキクチキゴキブリから発生する菌である（**図35**）。

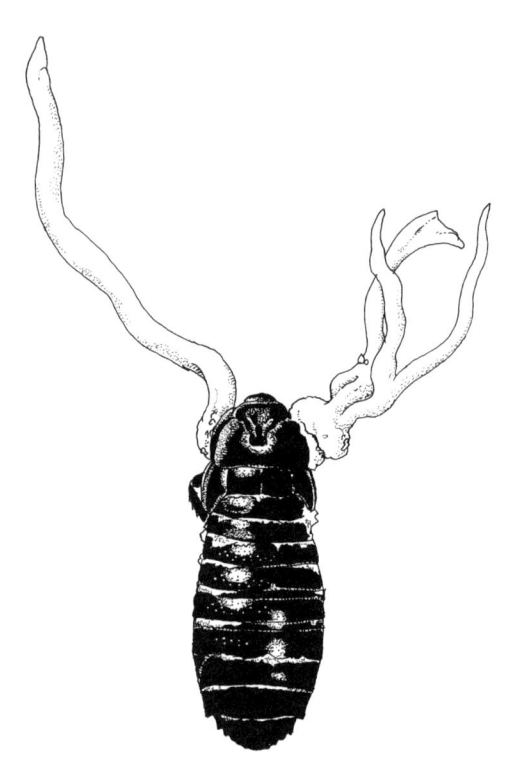

図35　ヒュウガゴキブリタケ
ホストのゴキブリの体長 30mm

　ゴキブリにも「れきし」がある。その「れきし」は長い。長い「れきし」は、必然的にほかの生き物たちとの関わり合いを生む。人間とゴキブリの関係も、そうした関係性の一つにすぎない。

3-6　ゴキブリとシロアリの関係性

　重ねて書くが、ゴキブリはきらわれ者である。
　学生たちの声を聴くと、特別視されている昆虫といっていいほどだ。
　しかし、ゴキブリにも「れきし」がある。「れきし」があるということは、さかのぼればゴキブリの祖先にたどりつき、その祖先は、ほかの昆虫たちの

祖先とも関係があるということである。

　では、ゴキブリは、どんな昆虫と縁が深いのだろうか。

　子どもたちにとっては人気者の昆虫に、バッタやカマキリがいる。先の「昆虫の七大主要グループ」の一つにバッタをあげた。ゴキブリやカマキリは、バッタとは別の目に分類される昆虫であるが、昆虫の仲間を大きく分けると、いずれも直翅系昆虫として、バッタの仲間とひとまとめにできる昆虫たちだ。

　直翅系昆虫としてひとまとめにできるといっても、ゴキブリ、カマキリ、バッタは、それぞれに個性的でもある。特にカマキリはきわめて特徴的な「かたち」をした昆虫であるといえる。そこで、高校生に、「何も見ないでカマキリの絵を描いてみて」という問を出したことがある（**図36**）。

　カマキリは、きわめて特徴的な形をしている昆虫のように思えるが、いざ、そらで描くとなると、なかなか難しい。ただし、カマキリも基本的には一般的な昆虫の体のつくりにのっとっている。そんなふうに思えない理由はいくつかある。まず、一般的なカマキリには、翅があるため、翅に隠されている体の部分の理解がしにくい（**図37**）。しかし、中にはヒナカマキリのように、無翅のカマキリもいて、こうした無翅のカマキリの体を見ると、頭・胸・腹

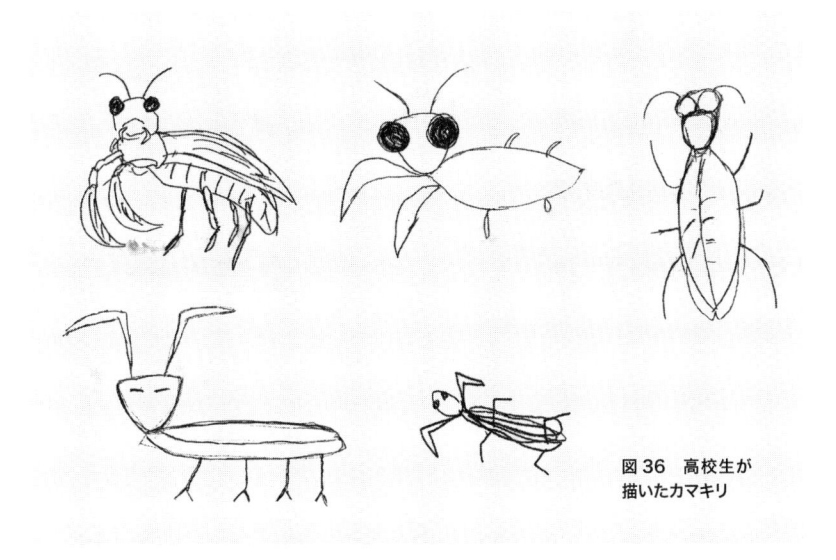

図36　高校生が描いたカマキリ

3　昆虫の多様性と分類——71

という基本的な体のつくりは、確かに昆虫の基本形を踏襲していると思える（**図38**）。カマキリの体が特殊に思えてしまうのは、前肢が捕獲用に変形していることと、その前肢を繰り出しやすいように、前胸が極端に細長くなっていることにある。こうした変形点がどこであるのかを理解しさえすれば、カマキリの絵をそらで描くのも、そう難しい話ではない。

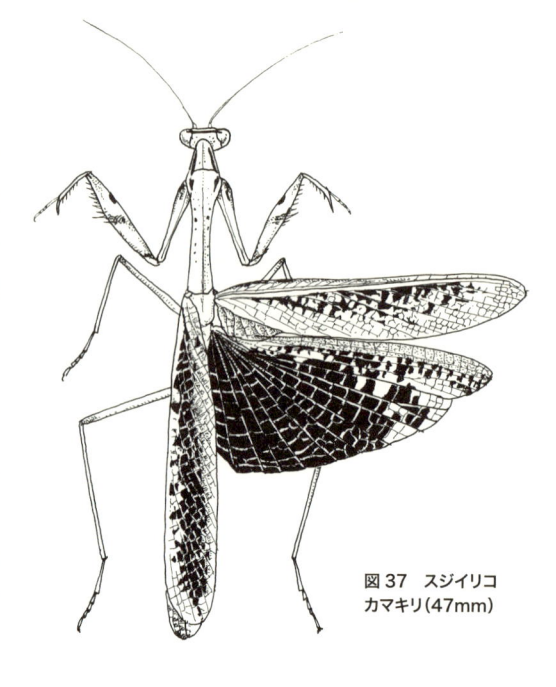

図37　スジイリコカマキリ(47mm)

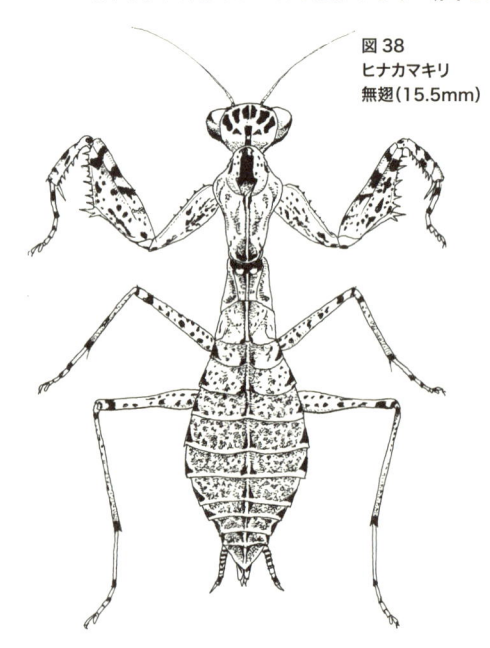

図38　ヒナカマキリ　無翅(15.5mm)

　カマキリは捕食性の昆虫として特化している。卵嚢から孵化したばかりの幼虫も、成虫とほぼ同型であり（**図39**）、その「かたち」から明らかなように、捕食性である。なお、かのファーブルはカマキリの幼虫の飼育に苦労し、失敗した挙句、一時はカマキリの幼虫は菜食主義ではないかとさえ考えている。もちろん、カマキリの1齢幼虫は、獲物として適したサイズの昆虫さえ与えれば、捕食し、飼育することが可能である。飼育してみると、1齢幼虫の間は共食いが見られないようだが、2齢以後、特にサイズに差が出てきた場合などは、共食いも激しく見られるようになる。

　この生まれつき捕食者として「か

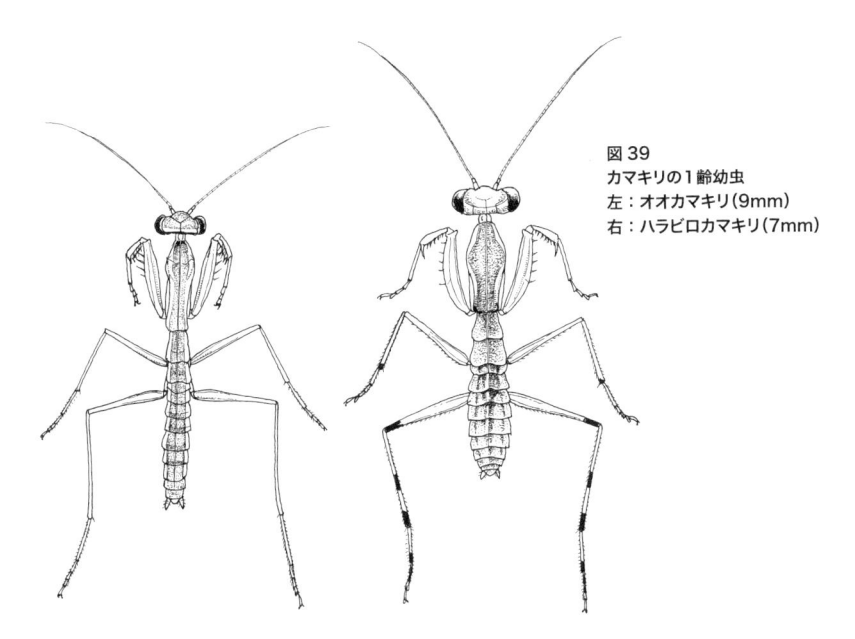

図39
カマキリの1齢幼虫
左：オオカマキリ（9mm）
右：ハラビロカマキリ（7mm）

たち」が完成されているように思えるカマキリも、世界を見渡すと、南米にはまだ鎌が捕獲用として特殊化していない種類が生息している。カマキラズと呼ばれるこの原始的な「かたち」を残すカマキリの仲間の前肢には、一般のカマキリで見られるような鋭い棘はなく、太めの毛が生えているだけである。こうしたカマキラズの「かたち」をスケッチすることができれば、カマキリの経てきた「れきし」の一端をのぞき見ることができるだろう（残念ながら、僕自身は、まだ南米のカマキラズをスケッチする機会には恵まれていない）。

　このようなカマキリが、実はゴキブリに系統的に近い昆虫である。両者が近縁であることの証拠の一つが、その卵の産み方に見られる共通性だ。カマキリはよく知られているように、卵の塊を、泡状の卵囊に包んで産む。この卵囊はカマキリの種類によって形が異なっているため、卵囊を見ただけで、どんなカマキリが産卵をしたのかがわかる。また、それだけに、見慣れぬカマキリの卵囊を見ると、どんな種類のカマキリなのだろうと思い、スケッチをしたくなる（図40）
　一方、ゴキブリも、卵を卵鞘と呼ばれるケースに包んで産む。ゴキブリの卵鞘も、種類によって形が異なっている（図41）。ゴキブリの卵鞘は目立

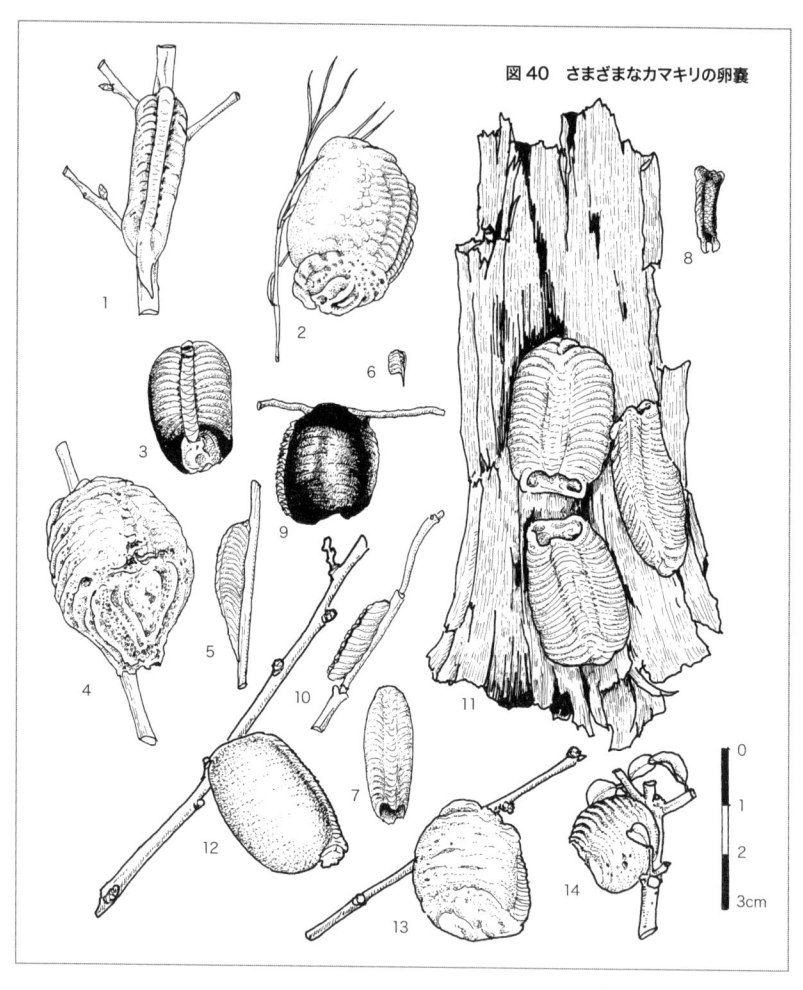

図40 さまざまなカマキリの卵嚢

たぬところに産み付けられるため、なかなか見つけることができず、比較スケッチを描く場合、スケッチがなかなか増えていかないのが難点である。ただし、ゴキブリの場合、比較的原始的なグループは卵鞘を産み出すが、進化したグループでは卵胎生になった種類も少なくない。この卵胎生のゴキブリの場合も、体内に、ごく薄い、膜状になった卵鞘に包まれた卵塊を持っている。

1：チョウセンカマキリ
2：オキナワオオカマキリ
3：ハラビロカマキリ
4：オオカマキリ
5：スジイリコカマキリ
6：ヒナカマキリ
7：ウスバカマキリ
8：ヒメカマキリ
9・10：オーストラリア産
11〜14：マダガスカル産

カマキリはゴキブリに近縁である。しかし、カマキリよりもさらにゴキブリに近縁の昆虫が存在する。それがシロアリである。
　学生たちにアリの名前を問うと、「アカアリ、クロアリ、シロアリ」という名が返されることが、しばしばある。しかし、シロアリは、アリとは縁の遠い昆虫で、直翅系の昆虫の一員である。従来、ゴキブリはゴキブリ目、シロアリはシロアリ目という、近縁ではあると考えられてはいたものの、それ

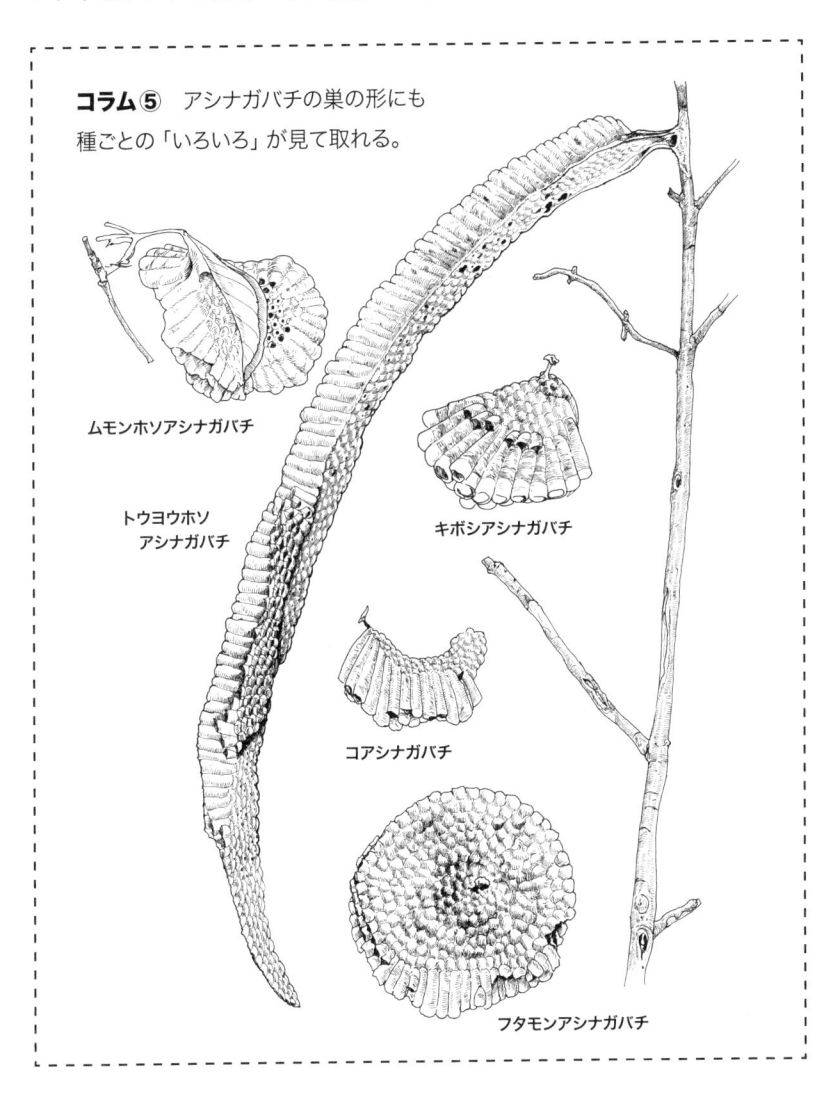

コラム⑤　アシナガバチの巣の形にも種ごとの「いろいろ」が見て取れる。

ムモンホソアシナガバチ

トウヨウホソアシナガバチ

キボシアシナガバチ

コアシナガバチ

フタモンアシナガバチ

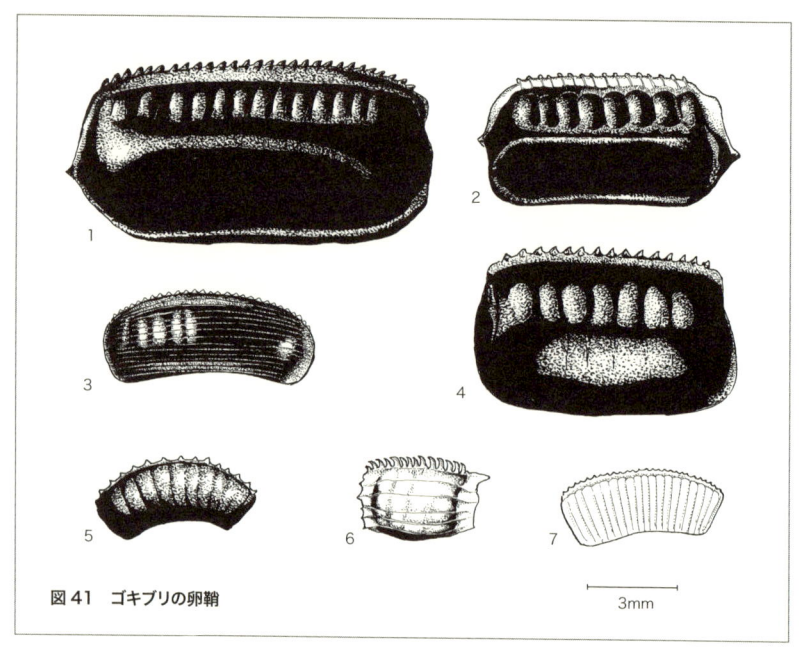

図41 ゴキブリの卵鞘

3mm

1：クロゴキブリ
2：ヤマトゴキブリ
3：キョウトゴキブリ
4：ワモンゴキブリ
5：サツマツチゴキブリ
6：ルリゴキブリ
7：チャバネゴキブリ

それは別箇のグループに分けられていた。しかし、近年のDNAの解析による研究によって、シロアリはゴキブリに近い昆虫のグループというより、ゴキブリのある仲間が特殊化したものであると考えたほうがいいという結果が出された。

シロアリは小さく、軟弱な体の持ち主であり、「かたち」のうえからだけでは、絵心をそそるような昆虫ではない。しかし、「シロアリは特殊化したゴキブリである」といわれると、本当にそうなのかどうか、自分の目で確かめてみたくなる。シロアリのワーカーや兵隊アリは社会生活を送るうえでの特殊化が進んでいる（**図42**）。そのため、一見、ゴキブリとの「かたち」の類似は見出しにくい。そこで有翅虫と呼ばれる新女王・王を見てみる。すると、こちらのほうが、まだしもゴキブリとの「かたち」の共通性はありそうに思える（**図43**）。それでも、

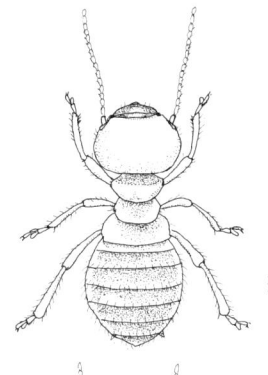

こうしたシロアリのスケッチの結果をもってしても、まだ「シロアリは特殊化したゴキブリである」ということについての実感は得難い。

シロアリとゴキブリが近縁ということは、ゴキブリの中にもシロアリっぽいものがいる……ということである。そこで、その視点でスケッチのモデルを探してみることにする。ＤＮＡの解析により、シロアリに一番近いとされているのが、キゴキブリの仲間であることがわかっている。

ゴキブリは、次のようなおもなグループに分けられている。

ホラアナゴキブリ
ムカシゴキブリ（ルリゴキブリなど）
ゴキブリ（ワモンゴキブリ、クロゴキブリなど）
キゴキブリ
チャバネゴキブリ
ブラベルスゴキブリ（オオゴキブリ、クチキゴキブリなど）

図42　イエシロアリ
上：ワーカー(3mm)
下：兵隊アリ(5mm)

屋内性のゴキブリの中でも、クロゴキブリとチャバネゴキブリはまったく別の系統であることがわかる。クロゴキブリは、ゴキブリの系統の中では、比較的原始的な系統に近く、そのクロゴキブリなどのゴキブリ科の系統に近い、独自のグループがキゴキブリである（**図44**）。

残念なことに、キゴキブリは、北米とアジア（中国・韓国・ロシア極東）に分布しているものの、日本には分布し

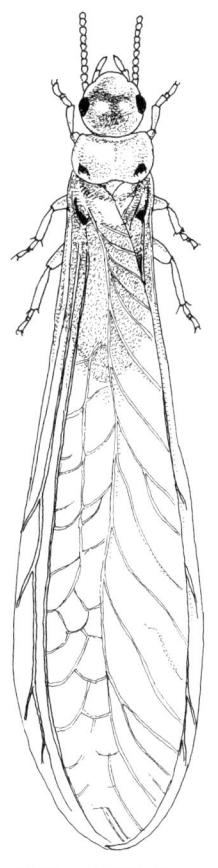

図43　イエシロアリ
有翅虫(16mm)

3　昆虫の多様性と分類——77

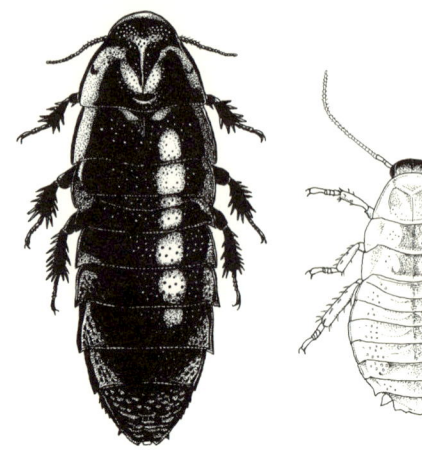

図44（左）
キゴキブリの一種（北米産）
（28mm）

図45（右）
エサキクチキゴキブリの幼虫
体色が薄い（8mm）

ていない。キゴキブリは朽木の中で一生を送るゴキブリで、夫婦と親子がともに同じ朽木の中で生活をする、社会性昆虫の一つである。そして木材をエサとするこのゴキブリの幼虫は、親による保育を受けて（若齢のうちは、親の肛門から分泌する液体を口にする）、初めて順調に生育することができる。また、幼虫は、体の色が薄く、眼の発達も悪く、そうした点で、「シロアリっぽい」。

おもしろいことに、日本でも暖地にいくと見ることのできるクチキゴキブリ類（九州〜屋久島にエサキクチキゴキブリ、奄美諸島・沖縄諸島にリュウキュウクチキゴキブリ、八重山諸島にタイワンクチキゴキブリが分布）は、キゴキブリとは異なった仲間であるブラベルスゴキブリ科（上記）に所属しているのだが、キゴキブリと同じように、夫婦、親子が同一の朽木に見られ、また、幼虫の体色も薄くなっている。(**図45**)。クチキゴキブリとキゴキブリの類似は、「れきし」は共有しないが、似たような「くらし」を持つ者同士の「かたち」が似てしまう現象（収斂現象）であると考えられている。ただし、朽木生活をするゴキブリが、すべてこうした「シロアリっぽい」幼虫時代を持つとは限らない。クチキゴキブリと同じ仲間に属するオオゴキブリでは、これまた同じように朽木の中で暮らしているゴキブリであるのだが、その幼虫を捕まえてスケッチして

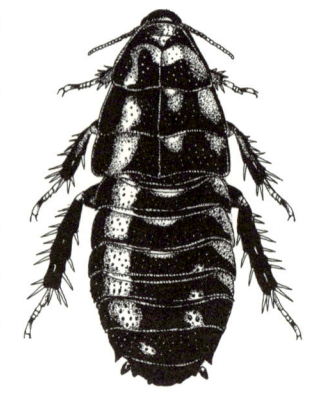

図46　オオゴキブリの幼虫
若齢幼虫から体色は濃い
（18mm）

みると、若齢のうちから体色が黒っぽい（**図46**）。オオゴキブリの場合は、ほかのゴキブリ同様、幼虫は親の保護がなくとも成長ができるようである。

3-7 昆虫の分類表

　生物の分類体系というのは、進化の「れきし」を反映している。ここで、この章のまとめとして、昆虫の分類表をあげておきたい。

```
内顎綱　トビムシ目
　　　　カマアシムシ目
　　　　コムシ目
外顎綱　イシノミ目
　　　　シミ目
　（有翅下綱・旧翅節）
　　　　トンボ目　＊
　　　　カゲロウ目
　（有翅下綱・新翅節）
　　　　カワゲラ目・・・・・直翅系昆虫
　　　　ハサミムシ目・・・・直翅系昆虫
　　　　ガロアムシ目・・・・直翅系昆虫
　　　　カカトアルキ目・・・直翅系昆虫
　　　　バッタ目　＊・・・・直翅系昆虫（真の直翅類）
　　　　ナナフシ目・・・・・直翅系昆虫
　　　　シロアリモドキ目・・直翅系昆虫
　　　　ジュズヒゲムシ目・・直翅系昆虫
　　　　シロアリ目・・・・・直翅系昆虫
　　　　ゴキブリ目・・・・・直翅系昆虫
　　　　カマキリ目・・・・・直翅系昆虫
　　　　チャタテムシ目
　　　　シラミ目
```

アザミウマ目
　　　カメムシ目　＊
　●ヘビトンボ目
　●ラクダムシ目
　●アミメカゲロウ目
　●コウチュウ目　＊
　●シリアゲムシ目
　●ノミ目
　●ハエ目　＊
　●チョウ目　＊
　●トビケラ目
　●ハチ目　＊
　●ネジレバネ目

　　　（●は完全変態の昆虫　＊は本書でいうところの、七大主要グループ）

　なお、専門的になりすぎるきらいはあるが、この分類表について、ひとこと添えておきたい。節足動物のうち、陸上生活を送る6本脚の生き物が広義の昆虫類である六脚類と呼ばれる生き物たちである。この六脚類は、内顎綱と外顎綱とに大別される。昆虫類の分類には翅の形質が大きく関係しているということを書いてきたのだが、翅のできる以前に、六脚類は顎の形態で大きく内顎綱と外顎綱に分けられる、二つのグループに分化していたということである。内顎綱のトビムシ、カマアシムシ、コムシは、狭義の昆虫には含めず、それ以外のものたちが、狭義の昆虫にあたる。トビムシらは、まだ狭義の昆虫に分化する以前の祖先的な体のつくりを残しているものたちというわけである（顎のつくりに関しては、祖先的というよりも、土壌動物として特化したための特殊化であるという指摘もある）。イシノミ（**図47**）とシミは、トビムシやカマアシムシ同様、無翅の昆虫ではあるが、翅以外の体のつくり（たとえば、顎のつくり）の共通性から、「狭義の昆虫」に分類されている。ただし、さらに詳しく見てみると、イシノミはシミに比べ、より原始的な「かたち」を残している。これも顎に関する「かたち」の違いであ

図47　イシノミの一種

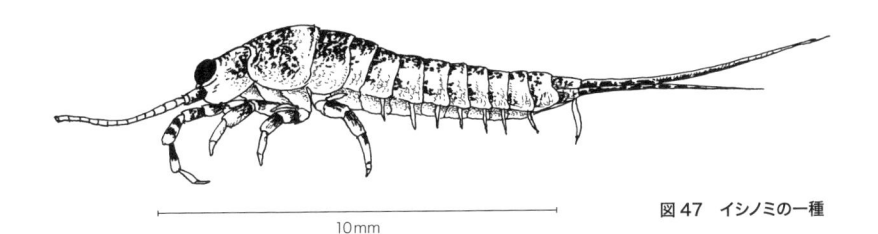

る。イシノミは顎の関節が一つだが、シミは顎の関節が二つあり、より正確に大きな力でものを噛める。このシミの獲得した「かたち」は、そのほかの昆虫にも受け継がれた。寝ていて、ワモンゴキブリに足を噛まれたことがあるが、たいそう痛かった。この痛みの由来は、シミからゴキブリに受け継がれた顎の構造にあるということになる。

4 昆虫スケッチの画法

4-1 甲虫のスケッチ

　本章は、昆虫スケッチの技法について、さまざまな例を出しながら、具体的に紹介していくことにする。

　まずは甲虫の仲間である。甲虫の仲間は、生き物の中でもっとも種類数が多い昆虫の中でも、またとびきり「いろいろ」の種類がいる仲間である。

　甲虫は基本的に、硬い前翅を持つ。そのため、スケッチにあたっては、その前翅や前胸の光沢や、点刻をどう表現するかが要点となる。

　結論からいってしまうと、光沢を持った昆虫を描くときの「ウソのつき方」に慣れるしかない。実際に、あれこれ描いていく中で、「このようにすれば、光って見えるのだな」という、「処理の仕方＝ウソのつき方」を身につけていくということである。それでも、基本的な技法は、ここで紹介することにしたい。これから紹介するような基本的な技法を知ることで、甲虫スケッチを描くにあたって、「難しそうかも」といった抵抗感が、減殺されることを期待する。

　これは甲虫のスケッチに限らず、昆虫の標本スケッチの基本であるが、スケッチをする際に最初にすることは、紙の真ん中に、定規を使って、1本、鉛筆で直線を引くことである。この1本の線を引くか引かないかで、スケッチのできに大きな差が出る。スケッチの要点というのは、このように、ほんのささいなことにすぎない（ウソのつき方をうまくする）。

　1本の線を引くのは、甲虫の体が左右対称であるからだ。すなわち、スケッチをするにあたっては、スケッチの左右が同じ大きさになっているか、始終、チェックをすることが必要である（スケッチの用紙として、マス目の入ったコピー用箋を利用すると、この左右の大きさのチェックが容易にできる）。

　では、スケッチの手順について、オキナワオオミズスマシのスケッチを例

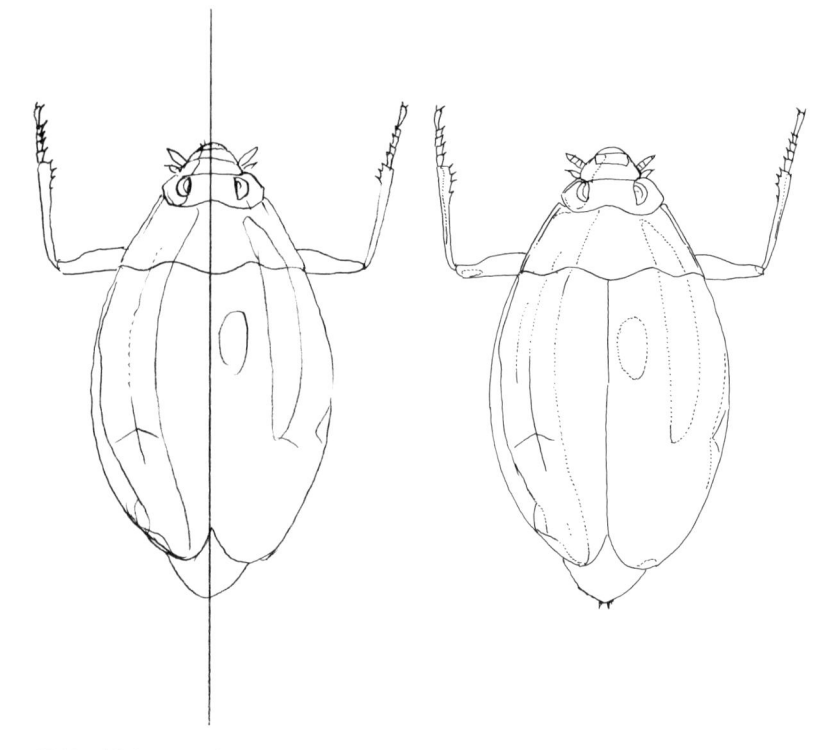

図48　オキナワオオミズスマシ（下書き）　　　図49　オキナワオオミズスマシ（輪郭スケッチ）

に説明していくことにする。

❶　先ほど書いたように、まず、用紙の真ん中に直線を引く。このあと、スケッチの全体の大きさがどの範囲になるか、紙の上に鉛筆で落とす。これも甲虫に限らないが、昆虫スケッチの要点はできるだけ大きく描くということである（ウソは、はっきりとつく）。大きく描くとき、全体のバランスがとりにくいと思ったら、定規で昆虫のサイズを測り、その何倍にするかを決めて、直線の上に、倍数化した値による、頭からお尻までの区切りを入れればいい。さらに丁寧にする場合は、頭の長さの数値、胸の長さの数値、体の横幅の数値なども実測し、倍数化して、紙の上に印を落とせばいい。つまり、枠取りを丁寧にすることで、輪郭を落としやすくするということである（設計図を描くイメージである）。

❷　こうして、スケッチの大まかな大きさが決まったら、鉛筆で輪郭を描

く（図48）。このとき体の線だけでなく、体表の光沢の範囲なども、大まかに枠を描き込んでおく。

　続いておこなうのは、下書きへのペン入れの作業である。輪郭を描くペンとしては、1－6で少し紹介したが、製図用のロットリング（ラピッドグラフ）0.2mmを使用するのがもっとも適している（今のところ、昆虫の標本スケッチをする際、ロットリングにまさる筆記具を見出せていない）。ロットリングは少々高価な筆記具であり、一般の文房具屋ではなかなか扱っていないため、ネットなどで購入する必要はあるが、このペンの描画力（同一の太さの線を無理なく描ける点）は群を抜いている。ただし、ロットリングは放置をしておくと、ペン先が詰まりやすいという欠点がある。毎日とはいわないまでも、頻繁に使用するという心がまえ（別に昆虫を描かなくても線を引くだけでもよい）も必要とされる。

　ロットリングの使用方法に話がそれてしまったが、輪郭を描く際の要点をさらにいくつか補足しておきたい。

　美術のスケッチと異なる点は、輪郭の線は、重ねずに、1本線で描くということである（ウソは、はっきりとつく）。このとき、昆虫は脚先まで節で区切られた体のつくりをしているということに注意を払う必要がある（ウソはつきとおす）。先ほど下書きで鉛筆描きした線をペンでなぞっていくわけであるが、光沢を表す区切りのみ、1本線ではなく、点線で表しておく。これは、光沢と体の輪郭がすぐに区別できるようにするためと、光沢の境界線は、体の縁のようにきっぱりとした線では表しえないことによっている（図49）。

　むろん、こうした輪郭を描く際には、場合によって修正液も必需である。白黒画の場合、修正液による修正をあまり恐れることなく描いていい（彩色画の場合は修正液を使用すると、絵の具のノリが悪くなってしまう）。また、この段階でスケッチを終えたものが、輪郭スケッチである。ただし輪郭スケッチで終了する場合は、光沢の境界については、ペン入れをする必要はない。

❸　輪郭を描き終えたら、次の作業はベタ塗りである。体色の濃い部分、体の中で影になっている部分を黒く塗りつぶすという作業である（図50）。

この作業が、慣れないうちは一番難しい点である。逆に、昆虫スケッチに慣れていくにしたがって、どこにベタを塗ればいいかの見当がつくようになるし、ベタを塗る範囲が「うまくいった」ときは、大変にうれしい（つまり、ベタ塗りは、スケッチの完成度にかなりの影響度がある）。

　ベタ塗りに関して、どこが難しいかは、図をよく見てほしい。オキナワオオミズスマシは、真っ黒の昆虫である。その点からすれば、全身に黒くベタを塗ってもかまわない（この場合は、模様スケッチとなる）。ただし、精密スケッチにする場合、光沢を描き込む必要がある。前翅の中央近くが、一番白く光っている。いわゆるハイライトである。ここを黒く塗らないということは、わかりやすい。問題は、前翅の側面には、「真っ黒」でもなく、「ハイライト」でもない領域が存在するということである。この領域に関しては、次の作業で、点描によって、この「真っ黒」でもなく、「ハイライト」でもないという中間の明るさを表現することになる。とりあえず、「真っ黒ではないな……」と思えたら、ベタを塗らずに残しておくということである。

　輪郭を描くのに使用したロットリングは、広い範囲を塗りつぶすのには適していない。そこでベタ塗り用の筆記具を別途用意しておく。これもあれこれ試した結果、1－6で紹介した筆記具の使い勝手がよかった。ただ、筆ペンを利用したり、面相筆などに墨汁をつけてベタを塗ったりしても、かまわない。また、肢や触角など、細い部分は、より細いベタ塗り用のペンを探すか、ごく狭い範囲なら、ロットリングを使用してベタを塗る。ロットリングでベタを塗ると、紙の質が荒れるため、あとから白い絵の具などで毛や点刻を描くのが難しくなる。そうした点（絵の具の、ノリのよさ）からも、1－6で紹介したベタ塗り用の筆記具が適している。

　なお、あたりまえのようであるが、ベタを塗るときは、ムラのないように、徹底して黒く塗ることが肝心である（ウソは、はっきりとつく）。

❹　最後の作業は点描と白絵の具による、細部の表現である。つまり、精密スケッチのまさに「つめ」の部分だ。

　まず、点描である。これはロットリングの 0.13 mm を使用する。

　先ほどのベタ塗りで説明をした、前翅の中央部近くにある、一番光を反射

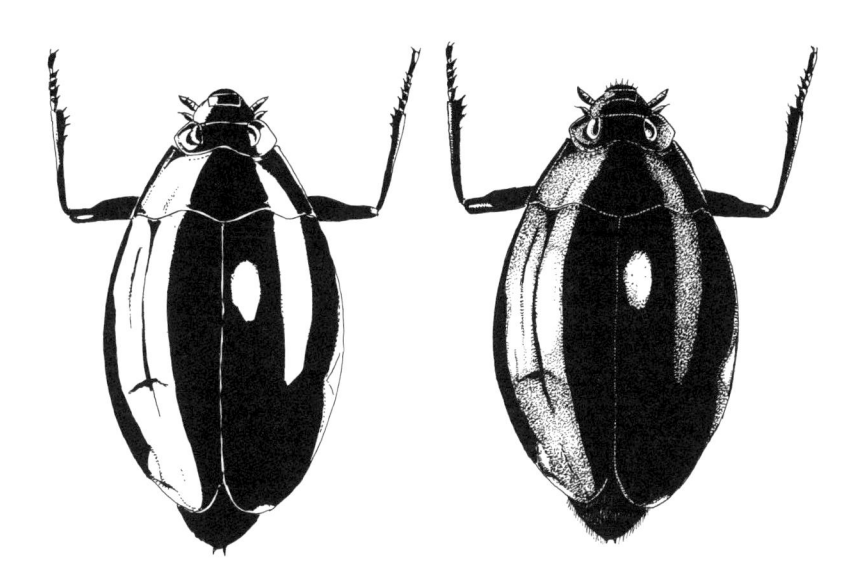

図50　オキナワオオミズスマシ(ベタ塗り)　　図51　オキナワオオミズスマシ(細密スケッチ)

しているところ（ハイライト）は、点描をしすぎないことが要点である。白黒画においては、白と黒のコントラストのバランスが勘所である。黒いところは黒く、白いところはできるだけ白くというのが、要点だ（ウソは、はっきりとつく）。ただし、ハイライトであっても、ベタを塗ったところと白く抜いてある部分の境界は、点描によって、ぼかす必要がある。

　続いて、前翅の側面に見られる、「真っ黒」でもなく、「ハイライト」でもない、中間の明るさの領域に点描を打っていく。これについては、全体のバランスを見ながら、点描を打っていくということしかいいようがない。ただし、一度点描を打ってしまうと、それを訂正するのは難しいため、点描を打ちすぎないように気をつけるというのが要点である（**図51**）。また、図を見てもらえばわかるように、中間領域とした部分も、一様に点描を打っていない。一様に打ってしまうと、平板的なスケッチになってしまうだろう。点描の密度の濃さを加減することで、立体感が生まれる。ここでひとことアドバイスをすると、体のどちら側から光があたっているかをイメージしながら、点描をするといい。このスケッチの場合は、体の左上から光があたっているため、体の右側は全体的に、トーンが暗い。そのように描くと、立体感がと

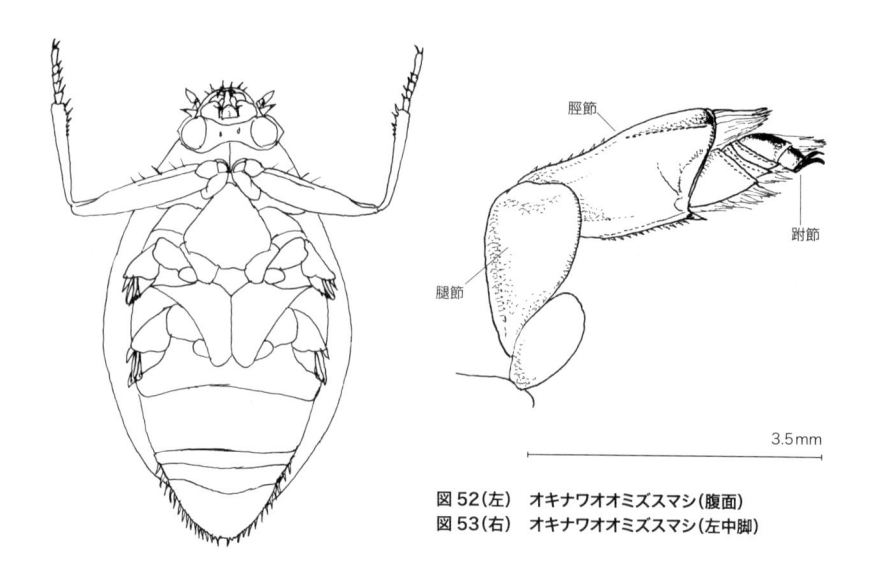

図52(左)　オキナワオオミズスマシ(腹面)
図53(右)　オキナワオオミズスマシ(左中脚)

もなってくるということである。

　最後におこなうことは、体表の毛や点刻の処理である。脚や頭部に生える毛は、そのまま0.13mmのロットリングで描いている。問題は、突き出ているお尻に生えている毛である。お尻は真っ黒で、毛は白く見える。この毛の処理のしかたには二通りあり、一つはお尻を塗る際、ベタを塗るという処理をするのではなく、最初から毛の部分を白く抜いて黒く描く（ロットリングなど、細いペン先の筆記具でないと描くことができない）という方法である。もう一つは、真っ黒くベタを塗った後、白絵の具をつけた細い面相筆を用いて、毛を描き足すというものである。このスケッチでは後者の方法を使っている。

　オキナワオオミズスマシは、水面を泳ぎ回るよう、ずいぶんと特殊化した「かたち」をした甲虫である。そのため、せっかくなので、腹面も描くことにした。もう一度、枠取りから始めるのは大変なので、このスケッチは、トレーシングペーパーを活用している。トレーシングペーパーを上面から描いた図にあて、輪郭だけを鉛筆で落としたあと、標本を裏返しに見ながら、腹面を描き込んだのである（図52）。見てわかるように、このスケッチは輪郭スケッチでやめている。また、この腹面のスケッチでわかるよう、オキナワオオミズスマシの中脚と後脚は、遊泳用に特殊化している。そのため、中脚だけを

取り出して、拡大図を描いてみた（**図53**）。スケッチしてみると、かなり変形はしているものの、ほかの昆虫の脚のつくり（腿節・脛節・跗節）と同様なつくりになっていることがわかる。このように、スケッチをすることで、モデルとなっている昆虫の「かたち」に、気づいていく過程こそが大事である。

　オキナワオオミズスマシを描いたら、ほかの水生甲虫の「かたち」も気になってくる。そこでゲンゴロウのスケッチ

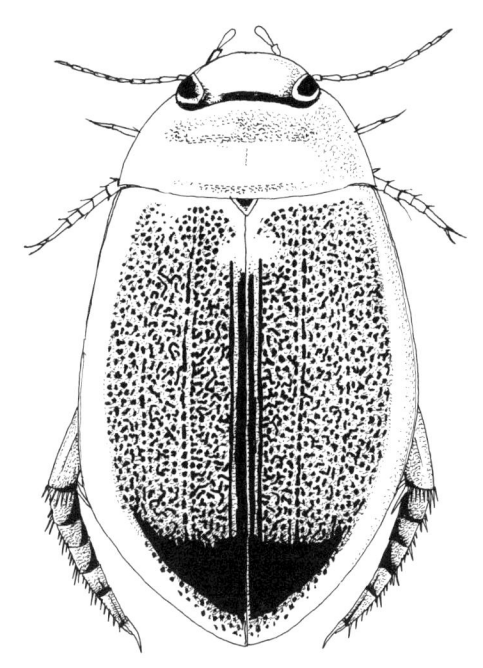

図54　ウスイロシマゲンゴロウ（10mm）

をしてみた。モデルとなったウスイロシマゲンゴロウは拡大して見ると、前翅に複雑な模様がある。

　ウスイロシマゲンゴロウのスケッチでは、輪郭スケッチまではオキナワオオミズスマシのスケッチと同様である。次のベタ塗りであるが、ウスイロシマゲンゴロウの場合、ベタを塗る範囲はきわめて狭く、せいぜいお尻のあたりの一部だけである。そのかわり、前翅の模様を描き込むのが、本種のスケッチに関しては、要点となる。

　前翅の模様は、不定形の小さな黒斑が密に散らばっているというものである。そこで0.2 mm（輪郭線を描くのに使う、太いほう）のロットリングで、この黒斑を描き込んでいく（なお、黒斑を描き込み終わった時点でスケッチを終了すれば、模様スケッチとなる）。黒斑を描き込み終わると、それだけでかなり精密スケッチに近いできになっているが、精密スケッチに仕上げるためには、細かな陰影をつける必要がある。そこで、前翅、前胸、頭部などに、0.13 mmのロットリングで点描を加えた。このとき、前翅のほんの一部だが、ハイライトがあるため、黒斑も点描も描いてない部分があるのがおわかりだ

独特のヤニ臭さがある

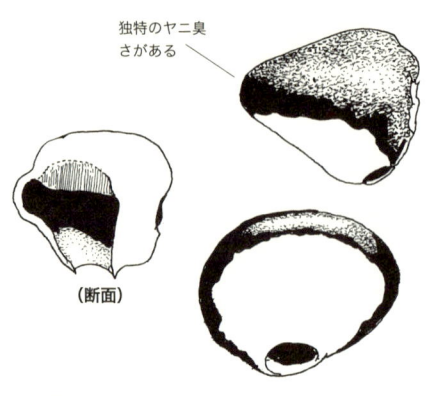

(断面)

図55　ヒトクチタケ

ろうか（図54）。

また、このゲンゴロウスケッチにおいても、先のオキナワオオミズスマシ同様、虫体の左上に光源がある、という設定で描いている。頭部や前胸を見ると、右側だけ点描が濃く描かれている（影にあたる）のはそのためである。

　オキナワオオミズスマシにせよ、ウスイロシマゲンゴロウにせよ、水生のこれらの甲虫の体表は滑らかである。そのため、輪郭や模様を描くほかは、光沢の処理を考えればよかった。しかし、多くの甲虫では、体表はもっと複雑な構造を持っている。そのような体表の表現の例を紹介してみよう。

　枯れたばかりのマツに生えるヒトクチタケと呼ばれるサルノコシカケの仲間がある。名のとおりのひとくちサイズのかわいらしいキノコだ（図55）。傘の上面は茶色で、光沢があり、ねばる。傘の下面は、白い革質の包皮に覆われているが、やがて真ん中に丸い穴が開く。ヒトクチタケはまた、ヤニ臭いような、独特のニオイを放つ。このキノコを見つけたら、傘の下部の包皮を破って、内側をのぞいてみるといい。包皮の内側には空洞があるが、そこに甲虫やその幼虫の姿を見ることができる。ヒトクチタケに集まる甲虫は、カブトゴミムシダマシ、ヒラタキノコゴミムシダマシ、オオヒラタケシキスイで、この3種がセットのようになっている。もちろん、この甲虫たちはヒトクチタケを食べて暮らしているわけであるが、キノコのほうも、これらの甲虫たちに胞子をばらまいてもらっていると考えられている。先ほど紹介した包皮にわざわざ丸い穴が開いていることも、強いニオイを出すことも、住人である甲虫の存在と関連しているようだ

　ヒトクチタケ・セットの3種の甲虫たちは、いずれも6〜8mmほどの大きさであるが、体表の構造は、それぞれに異なっている。

　下書き、輪郭スケッチまでは、どの甲虫のスケッチでも変わらない。

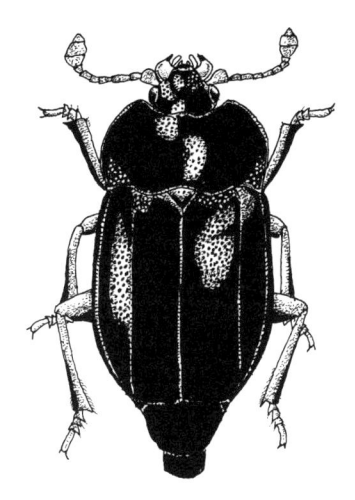

図56　オオヒラタケシキスイ(6mm)

オオヒラタケシキスイ（**図56**）は、全体的に黒っぽいが、よく見ると、胸部や前翅には、細かな点刻があるのがわかる。また、全体的につやのない感じで、ハイライト部分であっても光沢は強くない。こうした体表の甲虫を描く場合は、ハイライトの部分を残して、あとは思いきって黒くベタを塗る。そしてハイライトの部分にのみ点刻を描いている。このとき、つや消し状態の体表であるからハイライトも明るくなりすぎないよう、全体的に点描を打っている。

ヒラタキノコゴミムシダマシの前翅には、何本もの縦線が走っている（**図57**）。ゴミムシやゴミムシダマシなどの仲間に、こうした構造の前翅を持っている甲虫が少なくない。やっかいなのは、縦線が、単なる線が走っているわけではなく、この線に区切られた間の部分が、それぞれ、凸状であるということだ（逆に縦線のところは、線で区切られた間の部分に比べ凹んでいる）。そのため、真っ黒く塗ったあと、線だけ白く引く（または線を残して間を黒く塗る）という処理では、この構造を表すことができない（模様スケッチになってしまう）。

図57　ヒラタキノコゴミムシダマシ(8mm)

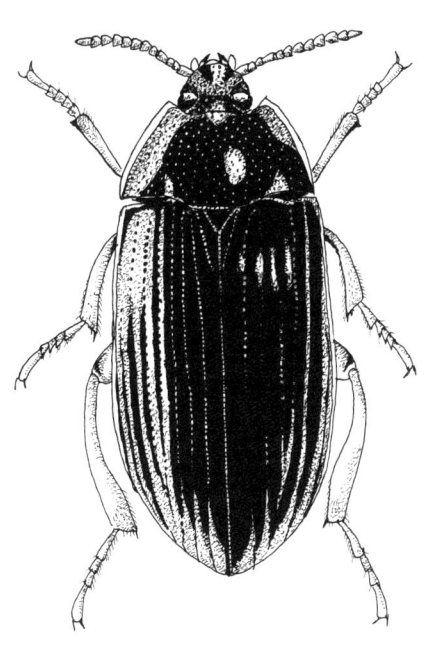

こうした構造の前翅を持った甲虫を描くときは、オキナワオオミズスマシの描き方でも紹介したように、どこから光があたっているかに特に注意を払う必要がある。昆虫の体は左右対称であるのだが、凹凸の表現は、左右対称

にはならない（光源側が明るく、反対側が暗くなる）ということだ。

　図を見ていただきながら、少し解説を加える。全体的に体の右側が暗部になっている。半球状の甲虫では特にそうであるのだが、お尻のあたりが、ハイライトほどではないが、明るくなっている（真っ黒ではない）ことに、注意する必要がある。この図では、右側の前翅は、明るい部分（お尻のあたりや、体側）と、肩のあたりのハイライト、体側に近い縦線部を除き、思い切ってベタを塗っている。前翅には縦線が走っているわけだが、この線を塗り残すのは難しい。そのため一度、塗りつぶしてから、線の部分をごく細い絵筆を使い、白い絵の具で描き足しているわけである。ベタを塗る画材によって、白い絵の具のにじみ方が違うので、本画を描く前に試してみる必要がある。また、もしベタを塗ったあとで白線を入れたものの、その白線が太すぎた場合は、余分な部分はロットリングなどで塗りつぶし、適正な線の細さに補正すればいい。

　左側の前翅は、右側に比べ、明るい部分が多い。体の縁から体の中央線に向かって半分までは右側の上翅と同様の処理をしているように見えるが、細かい話をすると、左側の前翅は、暗部でも右側よりは明るいため、縦線の間の部分だけをベタ塗りし、細く塗り残した縦線の間に黒で点描を入れて、破線状態に見えるように処理をしている。また、より体側側は明るく見える部分なので、縦線は点刻を落とす形で描き込み、暗部や点描をさらに描き込んでいる（これを読むと、かなりはてしない作業のように思えるかもしれないが、実際は、そこまで大変ではない）。

　胸部も、ハイライト部分と明るく見える部分を残してベタを入れ、ハイライトや明るく見える部分には 0.2 mm のロットリングで点刻を描いてから 0.13 mm のロットリングで点描を打ち、ベタを塗った部分には、白絵の具を使って、点刻を描いている（図 56）。

　最後にカブトゴミムシダマシである（**図 58**）。

　ヒラタキノコゴミムシダマシの前翅の表現にかなりスペースを取ったが、そこで紹介した描画法はいろいろな甲虫のスケッチに応用が利く例であり、読むといかにもめんどうな描画過程でありそうだが、描き方のパターンに慣

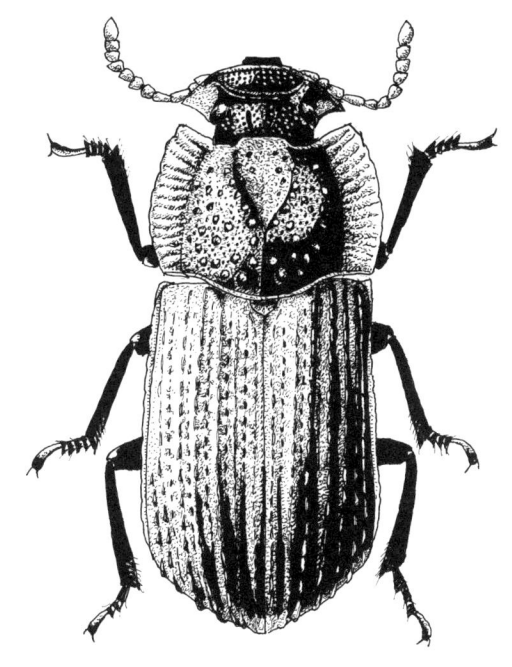

れてしまえば、それほどめんどうでもない。ところが、カブトゴミムシダマシの場合、その体表構造はきわめて個性的であり、ヒトクチタケ・セットの3種の甲虫のうちでは、もっとも描くのに難儀をするものである。その体表は、頭、胸、前翅とそれぞれに違った点刻や微突起を持ち、それぞれ、どのように表現するか、思考が求められる。つまり、こうした甲虫のスケッチをする場合は、まずじっくりと眺め、どのような処理をすれば、構造を写し取れるか、よく考えることが大切であるということ（その過程がまた、楽しい）。

図58　カブトゴミムシダマシ(8.5mm)

　この甲虫のスケッチについて、丁寧に書き出していくとそれこそ、はてしない記述が必要そうであるから、ここでは要点だけを述べる。要点は、微突起(胸では丸い形の微突起で、前翅ではやや細長い微突起)の表現方法にある。

　これまでと同様、体の左上から光があたっている。当然、体の右側は暗い。そうした暗部にあっては、微突起は白く抜くことで表現をする。一方、体の左側は明部である。そこでは、微突起にわずかな影をつくることで、周囲から浮き出すように処理する。このように、暗部と明部で微突起の処理のしかたが異なるということが、この甲虫のスケッチの要点である。

　このような甲虫のスケッチには手間がかかるが、それだけに、うまく描けたときの喜びも大きい。いきなりこのような複雑な体表構造を持つ甲虫のスケッチをすることはお勧めしないが、さまざまな甲虫のスケッチを重ねるうちに、こうした甲虫のスケッチも、そこまで苦労せず描けるようになっていることに気づくことになるだろう。

4–2 チョウやガのスケッチ

のっけに告白をすると、実はチョウのスケッチが苦手である。

少年時代、僕の昆虫採集の対象は、カミキリムシを中心とした甲虫であると書いた。もともと、硬い虫が好きであり、チョウやトンボにはほとんど興味がわかなかった。

昆虫スケッチを手がけるようになっても、チョウのスケッチを手がけることはあまりなかった。なぜなら、チョウの体のほとんどが翅であるからだ。チョウは標本にすると、ほとんど二次元になってしまう。つまり、翅の模様がほとんどすべてなのだ。チョウの標本自体は見栄えが大変いいし、標本写真も美しいのだが、スケッチをするとなると、二次元の模様を二次元に模写するという作業になってしまい、これは甲虫の微突起の陰影の表現に苦労をしたりすることに比べると、単純作業であり、かつ逆に大変難しい作業となる。なぜ難しいかといえば、三次元の構造を二次元に置き換えるにあたっては、「ウソのつき方」が要点となるのだが、二次元を二次元に書き換えるということだと、「ウソ」のつきようがない……つまりは、本当に、そっくりそのまま模写しなければならないからである。特にチョウは翅が大きく、左右の翅の模様をそっくりそのまま写し取る作業は、なかなかに難しい。

チョウのスケッチは大変に難しいため、ここでは少し、ズルをしようと思う。写真を活用するのである。

もし、スケッチをしたい標本の写真を真上から撮ることができたら、それをプリントアウトし、その上から輪郭をトレーシングペーパーでトレースする……という方法を採用する。もし写真が手元にない場合は、図鑑の写真をコピーして、輪郭をトレースするという方法もある。このとき、大まかな模様もトレースするのだが、一つだけ注意点を付け加えると、チョウは地域や季節によって、ずいぶんと模様が変わることがある。むろん、オスとメスでは同種であっても、かなりの違いがある。模様だけでなく、翅の形が異なる場合さえある。写真から輪郭をトレースしたとしても、細部にわたって、写真から図を起こすことはできない。そのため、スケッチをする際には、実物標本が手元にあることが前提になる。その標本と、資料として使ったチョウ

の写真が、同種であっても産地が異なると模様がずいぶん異なることがある点に注意する必要があるということだ。

では、実際のスケッチの手順について紹介をしてみたい。

❶ 標本写真を使って、鉛筆で、トレーシングペーパー（以下トレペと略）に輪郭を落とし込む（図59）。このとき、先に書いたように、翅の大まかな模様も描き込んでおく。モデルとしたのは、沖縄産のアオスジアゲハである。この輪郭スケッチを見てわかると思うが、できるだけ輪郭を描き込まないことが要点である。なぜなら、トレペのまま、原画を描き込んでいくのではなく（トレペは、ベタ塗りや細部のスケッチがしにくい用紙である）、一度、このトレペをコピーしたものに描き込んでいくためである。コピーした線は修正液でなければ消すことができないため、できるだけ最低限度の線で輪郭を落とすというのが要点であるということだ。このとき、たとえば頭部と胸部の境目のように、写真でははっきりしないところがあったら無理に描かない。また、後ろ翅の胴体側の縁には毛が生えており、翅の境界がくっきりとした線では描けないため、ここは大まかな輪郭を点線で描くにとどめておく。なお、より正確にいえば一つの個体であっても左右の翅の模様には違いがあったりするから、この点からも、あくまで大まかな枠取りをしているというつもりで輪郭を描くのがいいと思う。

図59　アオスジアゲハ（輪郭トレース）　　図60　アオスジアゲハ（輪郭スケッチ）

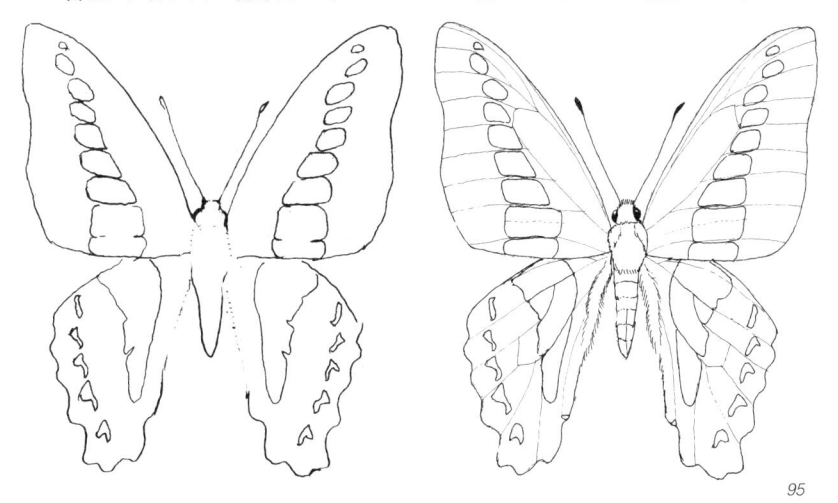

❷ トレペに写し取った輪郭を、コピーする。このコピーに、ロットリングできちんとした輪郭を落とし込んでいくのが次の作業となる（図60）。ここからは、写真ではなく、実物の標本を見ながら線を描き込んでいく。

ここでの要点は、チョウの翅の翅脈の構造をとらえる必要があるということである。昆虫の翅には翅脈と呼ばれる構造がある。原始的なゴキブリやトンボでは、翅脈が大変細かく、網状になっている。高等な昆虫である甲虫やチョウでは、翅脈はずいぶんと簡略化されている。チョウの場合、翅には鱗粉が載っているため、翅脈がそれとわかりにくいところもあるのだが、チョウの翅の模様は、翅脈で仕切られていることが多く、スケッチの中でこの翅脈の位置がしっかり描かれていないと、翅の模様がそれらしく見えない。

チョウの種類によって、翅の模様は千差万別である。翅脈はそれに対して、科ごとに共通性がある。が、とにかく、チョウの基本的な翅脈の構造を、どんな種類でもいいから、一度自分の目で確かめておく必要がある。そのため、普通種のチョウで、翅脈をよく観察してスケッチをしておくといいだろう。科が異なると翅脈も異なる（たとえばアゲハチョウ科とタテハチョウ科）わけだから、1種類のチョウの翅脈を写し取ったとしても、すべてのチョウの翅を描く際に通用するわけではないが、1種類でもチョウの翅脈の走り方を丁寧に見ておくことは、どんな種類のチョウのスケッチをする際でも役立つということだ。

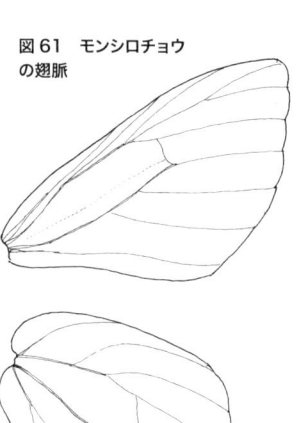

図61　モンシロチョウの翅脈

具体的な翅脈のスケッチの方法を紹介すると、手に入った普通種のチョウの翅の鱗粉を筆ですべて払い落とすということである。これで翅脈がはっきり見えるようになるので、スケッチをする。ここでは参考として、モンシロチョウの翅脈の図を紹介しよう（図61）。

コピーをした輪郭スケッチはもともと鉛筆で描かれたものであるから、輪郭線がシャープではない。そこで、翅や胴体の輪郭線を、あらためてロットリングの 0.2 mm を使い、

重ね描きする（線がだぶって見えないように注意する）。後ろ翅の胴体側の縁は毛が生えている。ここも、0.2 mmのロットリングで、一番外側の毛のラインだけ描く（毛を全部0.2 mmのロットリングで描くと、重くなるので、外側のラインだけ0.2 mmで描き、次の作業で、0.13 mmのロットリングで、さらに毛を描き足す）。

図62　アオスジアゲハ（完成図）

　次に、翅脈を0.13 mmのロットリングで描き込む。先の翅脈のスケッチも参考にし、ルーペを使って標本の細部を観察しながら、翅脈を描き込む。また、翅脈を描き込んだら、模様の輪郭を0.2 mmのロットリングで描き込む。

　胴体は、頭と胸、腹の境目と、腹部の節の線を描き込む。翅の付け根（肩）にも境目があるので、それも描き込む。

❸　ベタ塗りと、点描をおこなう（**図62**）。この作業に関しては、基本的に甲虫のスケッチで解説したことと変わらない。

　アオスジアゲハの翅の暗色部は、思いっきり黒くすることで、白く抜いた青色部とのコントラストが映えるようになる（ウソは、はっきりとつく）。ベタを塗る際、翅脈は細く白抜きにし、そのあとで、ロットリングで点描を入れて、少し目立たないようにしておく。

　チョウの翅は二次元であるが、胴体は三次元である。そのため、光のあたっているほうはより明るめに、そうではないほうは、より暗く描く必要がある。

　以上のような過程でチョウを描くことができる。

チョウとガは同じ仲間の昆虫である。というよりも、実態は、ガの仲間にチョウという「変わり者のガがいる」といったほうがいい。日本産のチョウは約250種であるが、ガは6000種もが知られている。そのため、ガのほうが、スケッチに適した種類が多い。チョウよりはるかに「いろいろ」な種類がいるため、思いもかけぬ「かたち」をしたものがいるからだ。続いて、いくつか、ガのスケッチを紹介することにしよう。

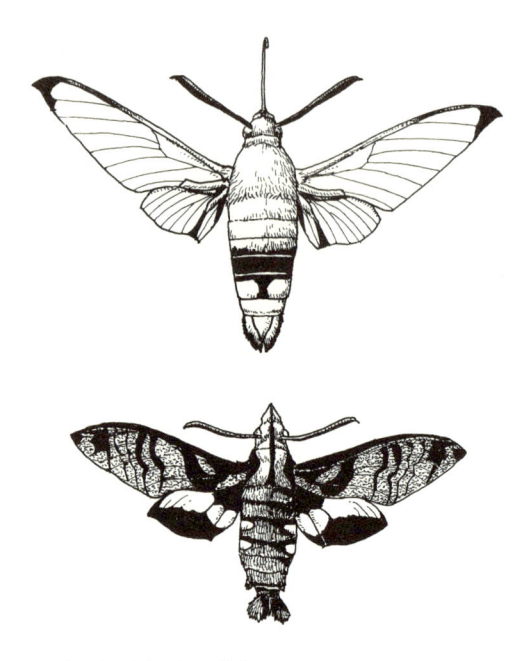

図63　オオスカシバ(上)とホシホウジャク(下)

　スズメガの仲間のオオスカシバとホシホウジャクのスケッチを見ていただきたい（**図63**）。まずは、オオスカシバのスケッチを例に、ガのスケッチについて述べる。ガの仲間は、チョウと比べると胴体が太いものが多い。その太い胴体は、毛で覆われている。このようなガの胴体をスケッチするにあたっての要点は、毛を描きすぎないということである。胴体が毛で覆われているといっても、胴体すべてに毛を描き込んでしまうと、立体感が失われるのである。これまで何度も書いているように、体のどちら側から光があたっているかを考え、光のあたっている側は、毛を描かずに白く抜いたままにし、光のあたっていない側に毛を描き込むと立体感が生まれる（ウソのつき方をうまくする）。

　オオスカシバはおもしろいガで、羽化したばかりのときは、ほかのチョウやガのように翅は鱗粉で覆われているが、その鱗粉をすべて払い落とし、透明な翅にしてしまう。高速で翅を羽ばたき、空中にホバリングしながら長い口を伸ばして花の蜜を吸うさまは、かのハチドリのようであり、ときに「ハ

チドリが出た」とまちがわれることさえある。オオスカシバの翅には鱗粉がついていないため、模様もなく、翅脈が露わになっていて、翅を描くのは容易である。それでも、翅脈も含めて、左右まったく同じ形でスケッチをするとなると、ちょっとした技法が必要となる。また、このオオスカシバと、ホシホウジャクの翅を描く技法については、アオスジアゲハを描くときとは異なった技法を採用しているので、その技法について紹介する。

❶ オオスカシバ（またはホシホウジャク）を描くとき、甲虫と同様、まず1本の線を引き、鉛筆で輪郭の下書きを描き始める。このとき、胴体のほかに右側の翅についてのみ描く。

下書きが描き終わったら、ペン入れをおこなう。このときも、胴体と右側の翅だけの輪郭スケッチを仕上げる。右側の翅については、0.13 mm のロットリングで翅脈も描き込んでおく。

❷ ここまで描き上げたら、トレペ（トレーシングペーパー）を取り出し、右の翅について、根元から翅先までの輪郭と、翅脈を鉛筆でなぞる。

❸ なぞり終わったら、トレペを裏返し、裏側から、紙の表面に描かれた鉛筆の線をなぞって、0.2 mm のロットリングでペン入れをする。昆虫の体は左右対称であるので、右側の翅をトレースして、裏返せば左側の翅になる……というわけである（ウソのつき方をうまくする）。ペン入れが終わったら、トレペを再度ひっくり返し、表側に描かれた鉛筆の線を消しゴムで消しておく。

❹ ペン入れしたほうを上にし、ハサミでトレペを大まかに翅の形に切り抜き、先ほどの原画の左側の翅の位置にこれを貼り込む。

❺ 翅や胴体の暗色部にベタを塗り、さらに 0.13 mm のロットリングで、毛を描き込み、点描を打って仕上げる。

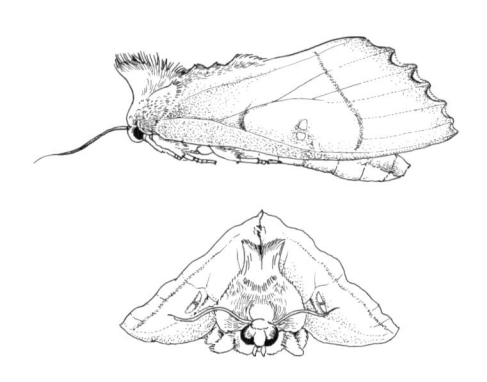

図64 セダカシャチホコ(45mm)

わることもある。そのため、展翅標本を作製する前の、自然に翅をたたんでいる姿をスケッチしておくのもおもしろい。セダカシャチホコのそのようなスケッチを紹介しておこう（**図64**）。

　チョウは翅が二次元的であるから、独特のスケッチ技法が必要となると書いたわけであるが、ガの中には、翅が退化したものもいる。こうなると、甲虫のスケッチとあまり変わることがない（**図65**）。図示したガはフユシャクと呼ばれる、冬季に限って成虫が出現するガの仲間であり、この仲間においてはしばしばメスの翅が退化する。よく知られたように、ミノムシ（ミノガと呼ばれるガの仲間の幼虫）のメスは、翅どころか脚まで退化して、イモムシとさえいいがたい「かたち」をしている。こうした「かたち」をしたものが存在しているということが、ガの魅力である。

　もちろん、オオスカシバで採用したこの技法は、チョウを描く際に採用してもかまわない。写真をトレースするのではなく、標本から直接スケッチをする際、左右の翅を同一の形で描くのに有効な技法である。

　ガの場合、生きているときにとまっている姿と、翅を広げて標本にしてしまった姿とで大きく印象が変

　ガやチョウの幼虫はイモムシと総称されるものたちである（注：イモムシという用語の指し示す範囲はあいまいだが、最近の用法ではケムシ、アオムシと呼ばれるものも含んでいる。つまり、ガやチョウの幼虫の総称ということになる）。イ

図65 イチモンジフユナミシャク(メス)(7mm)

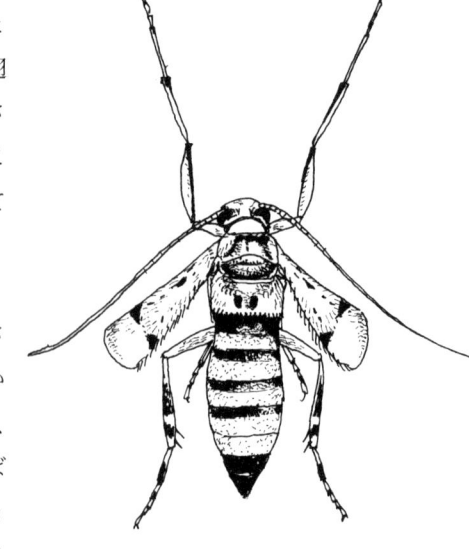

モムシは乾燥標本には適していないため、生きたままの姿をスケッチ（生態スケッチ）することになる（**図66**）。ただし小型のものでは、実体顕微鏡を使わなければスケッチができないため、やはりしめてから、鮮度のいいうちにスケッチをするということになる。また、イモムシを飼育していると、

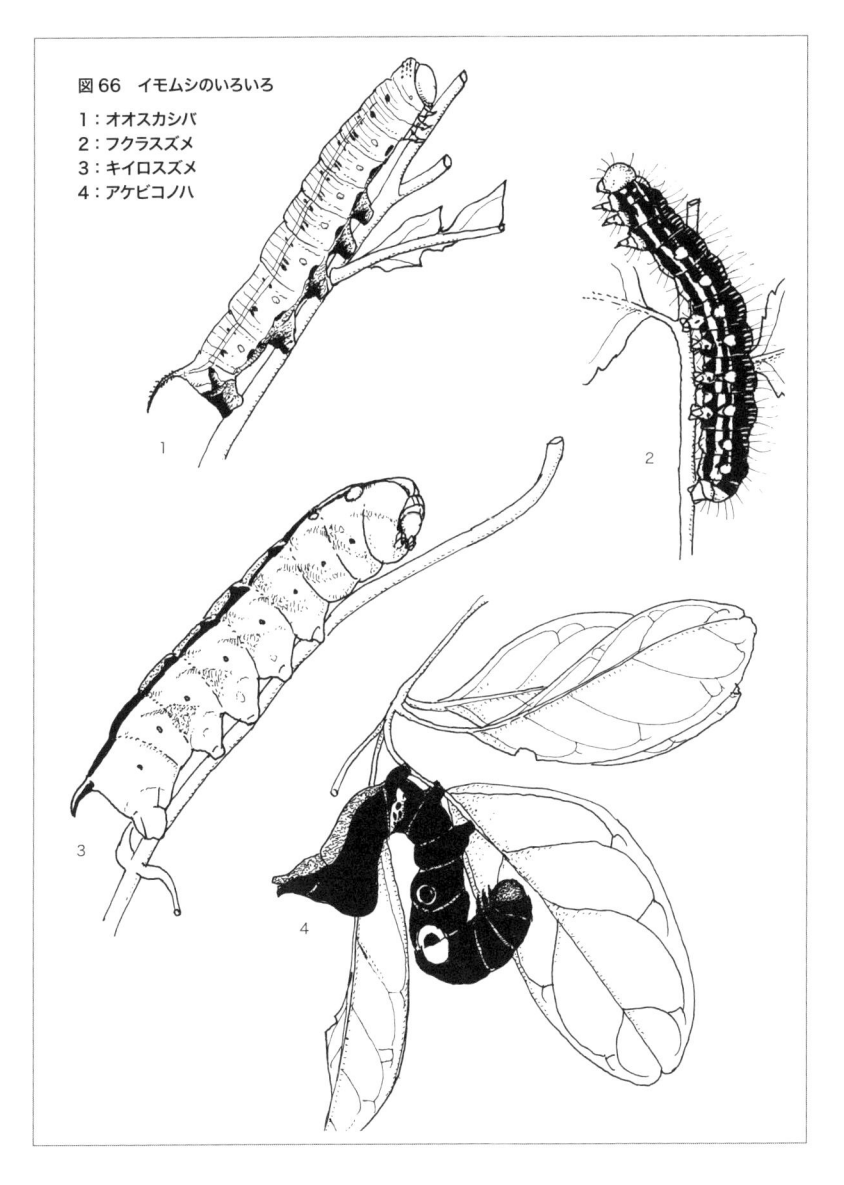

図66　イモムシのいろいろ
1：オオスカシバ
2：フクラスズメ
3：キイロスズメ
4：アケビコノハ

図67 イモムシ頭部のヌケガラ

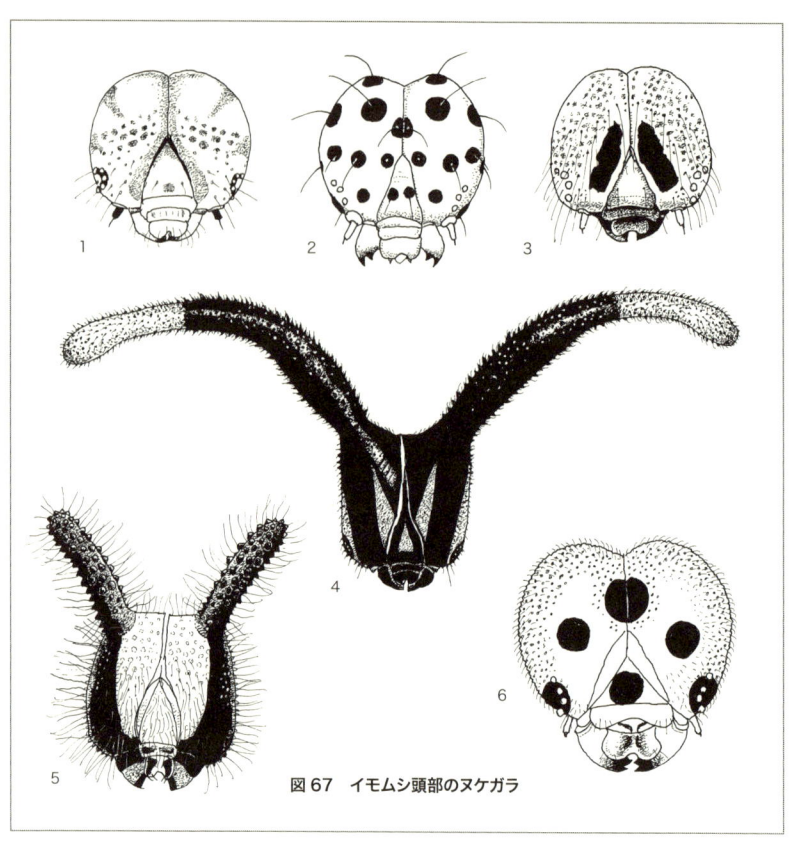

1：タイワンキドクガ(2mm)
2：モンクロキシタアツバ(1mm)
3：マエグロマイマイ(4mm)
4：スミナガシ(4.5mm、角は除く)
5：クロコノマチョウ(3.5mm)
6：アオバセセリ(4mm)

ヌケガラや糞を得ることができる。体の柔らかいイモムシも、その頭部のヌケガラだけは硬い。終齢幼虫が蛹になるときのヌケガラは、頭部の中央に裂け目が入っているが、ほかの齢の場合、頭部はマスクのように、すっぽりと脱ぎ落とされる。このようなイモムシの頭部のヌケガラだけスケッチをしてみてもおもしろい生痕スケッチとなる（**図67**）。また、イモムシは小さな体で、栄養価の低い植物の葉から、できるだけ栄養を吸収できるような工夫が必要となる。そのためイモムシは大食漢であったりするが、その

ほかにも、栄養吸収の効率をよくするために、腸の断面積を大きくする工夫をしている。イモムシの糞は断面が花のような形になっているのは、このためだろう。こうしてみると、糞のスケッチというのも、生痕スケッチの題材といえる。

4–3 トンボ・セミ・カメムシのスケッチ

　トンボとセミではずいぶんとグループが異なっている（トンボはトンボ目、セミはカメムシ目。3－7参照）のだが、いずれも半透明の翅を持っているという共通点があるため、ここでは一緒にして、スケッチの技法について紹介したい。また、セミとカメムシは同じ仲間であるため、カメムシのスケッチについても付け加えておこう。

　トンボのスケッチの難点は、なんといっても、その翅である。細かく区切られた翅脈を見るとスケッチをしようという意欲が萎えてくるかのようだ。

　トンボは、死ぬと体色の変化しやすい昆虫である。鮮度のいいうちか、冷凍保存をしたものがモデルとしては適している。乾燥標本にすると「かたち」は残るが、模様の細部などが判然としなくなる場合があるからである。

　トンボの場合も、胴体や脚に関しては、これまで解説をしてきた甲虫やチョウとスケッチのしかたは何も変わらない。下書き、輪郭スケッチ、ベタ塗り、細密スケッチという一連の流れは、胴体と脚に関してはそのまま踏襲できる。逆にいえば、翅に関しては、輪郭だけを描き、最後まで残してもいいし、また、翅脈を描かないという選択もありうる。中途半端に翅脈を描いて途中で放り出すよりは、まったく翅脈を描かないほうがずいぶんといい（ウソはつきとおす）。

　それでは、翅脈を描く場合はどうだろうか。よく見ると、トンボの翅脈もランダムに走っているわけではなく、規則性のようなものがあることがわかる。もう少しいいかえると、翅脈の重要なラインを見分け、それさえきちんと描いてあれば、残りの細部は、繰り返し構造であるため、ある程度いい加減に描いてもなんとかそれらしく見えるということである（ウソのつき方をうまくする）。

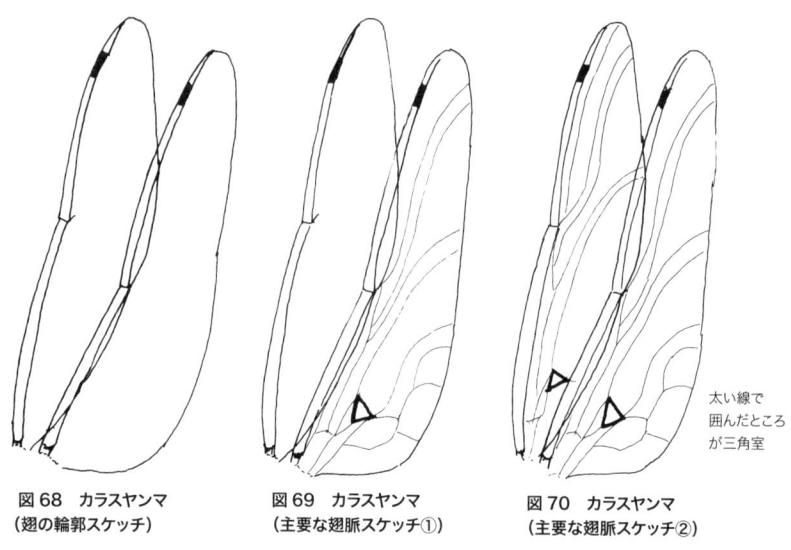

図 68　カラスヤンマ
(翅の輪郭スケッチ)

図 69　カラスヤンマ
(主要な翅脈スケッチ①)

図 70　カラスヤンマ
(主要な翅脈スケッチ②)

太い線で囲んだところが三角室

❶ 翅の輪郭を 0.2 mm のロットリングで描く。次に、翅の前の縁に沿った翅脈を、同じく 0.2 mm のロットリングで描き、翅の先端部近くにある、黒い斑の部分を描く（**図 68**）。

❷ 翅脈の主要なラインを 0.13 mm のロットリングで描く。このとき、トンボの翅は透き通っており、反対側の羽の翅脈が見えてしまい、どんなふうに翅脈が入っているのかが読み取りにくいので、右側の翅と左側の翅の間に、白い紙をはさむ。前翅と後翅も少しだけ重なっているので、後翅の支脈の主要なラインを見きわめて描く。主要なラインとは、図にしたものである（**図 69**）。このとき、翅の付け根近くに、翅脈によって三角に区切られた部分があるのがわかると思う（図では太線にしてある）。ここは、三角室と呼ばれ、トンボの翅の特徴でもあるので、そのような特徴的な部分であることを意識して、スケッチに落とし込む。

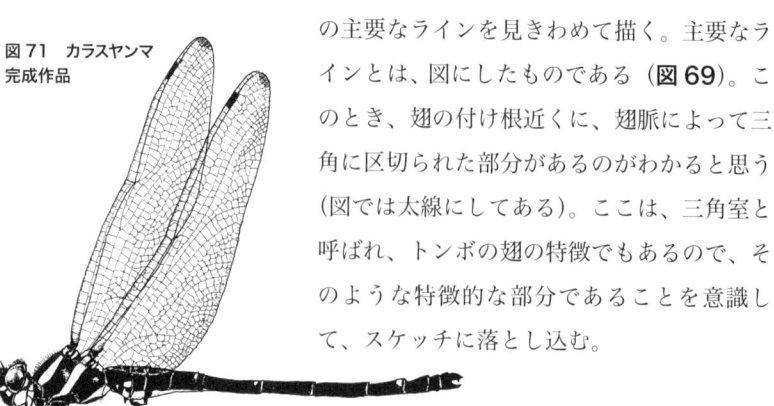

図 71　カラスヤンマ
完成作品

❸ 同様に、今度は、前翅についても、主要ラインを描き込んでいく。前翅にも三角

室があることを意識する（**図 70**）。

❹ 翅脈の主要ラインの間にある、細かな翅脈について描き込み、細密スケッチを完成させる（**図71**）。

セミの場合も同様であるが、セミはトンボほど、翅脈が複雑ではない。ただし、翅を折りたたんでいるときは、前翅と後翅が完全に重なっているため、そ

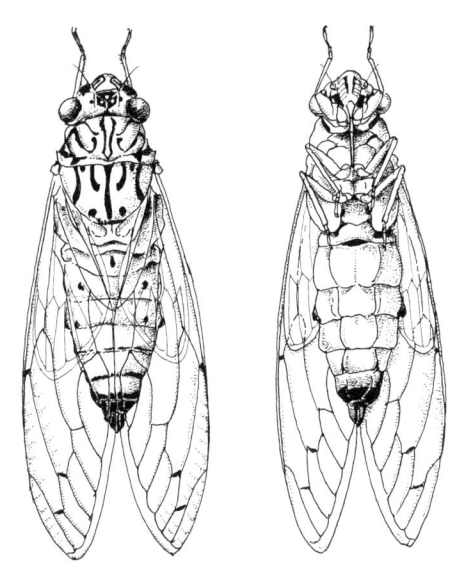

図72　イワサキヒメハルゼミ（34mm）

れぞれの翅脈が、どのようになっているかが、そのままだとわかりづらい。重複標本がある場合は、1個体の翅を前翅と後翅で分けて観察して（つまりは翅を胴体から切り離して）、翅脈の様子を理解するというのも一つの方法である。1個体しか標本がなければ、トンボの翅を描くときと同じく、前翅と後翅の間に紙をはさみ、まず前翅の翅脈を描いてから、紙をはずして、後翅の翅脈を描くという方法を採る。セミの場合では、さらに腹部も透明な翅を通して透けて見えている。そのまま腹部を描き込んでしまうと、「透けて見えている」という感じがうまく出ないので、注意が必要である。本来なら、昆虫スケッチの何よりの要点は、線を途切れさせずにはっきりと描く（ウソは、はっきりとつく）ということであるのだが、透けて見えている感じを出す場合には、これを逆手にとって、あえて線を途切れさせたり、点描を抜く部分をつくったりして、腹部の輪郭線よりも、翅の輪郭線のほうが目立つように工夫する（**図72**）。

カメムシはセミと同じ目に分類されているが、カメムシでは前翅の前半分が革質であるところが異なっている（セミは同翅亜目、カメムシは異翅亜目に分けられている）。そのため、カメムシが翅を閉じて腹部に重ね合わせた

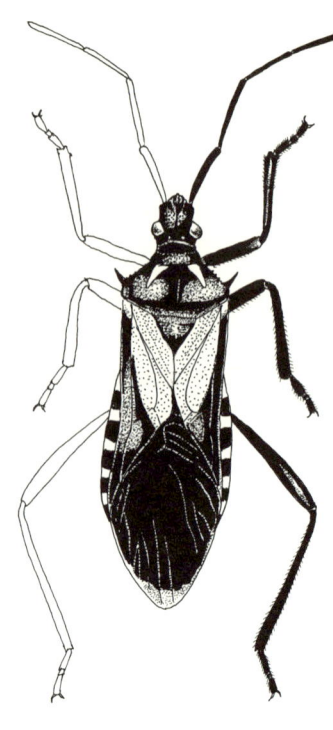

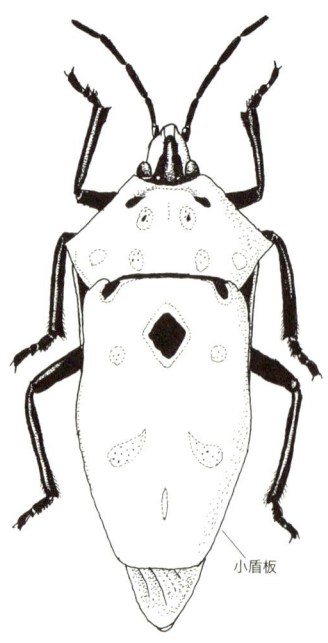

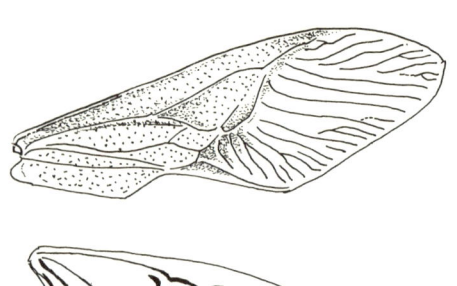

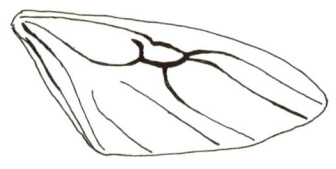

図73（左上）　フタスジハリカメムシ（15mm）
図74（右上）　フタスジハリカメムシの翅
図75（左下）　アカギカメムシ（23mm）

場合、腹部の上半分は、翅の模様が見えており、下半分は半透明でお尻のシルエットが見えているということになる（**図73**）。なお、このスケッチでは左側の触角と脚はベタを塗っていないし、毛も描き込んでいない。これは限られた時間を節約するための方法で、十分に時間がとれないときは、このように触角や脚は半分だけ細密スケッチをしておき、残る半分は輪郭スケッチにとどめておくという方法もある。ここまで描いておけば、時間のあるときや、必要な場合、反対側の脚を見ながら、輪郭スケッチに描き加えて細密スケッチとして完成することが可能であるからだ。補足として、カメムシの仲間の翅の構造を理解するため、図示したフタスジハリカメムシの翅だけを取り出したスケッチも紹介しておく（**図74**）。

カメムシの中には、翅の付け根にある、小盾板（フタスジハリカメムシの全形スケッチにおいて、翅の付け根にある三角形の部分）が発達して、翅全体を覆っている種類がある。この場合、半透明なのは、小盾板に覆われていない、翅の先端部のみである（図75）。なお、カメムシの体表は、点刻が散在していることが少なくない。カメムシのスケッチは、この点刻を描く作業との闘いともいえる。この例として、身近に見られるカメムシの一つで、やはり小盾板によって、翅がすっぽりと覆われているマルカメムシのスケッチをあげておきたい（図76）。

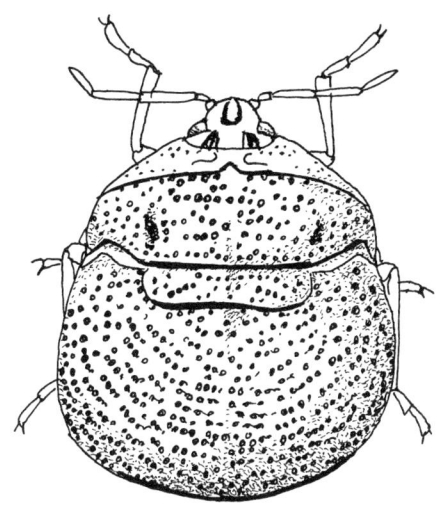

図76　マルカメムシ(5.5mm)

4-4　バッタ・キリギリスのスケッチ

　バッタ目の昆虫は、直翅目とも呼ばれる。なお、このバッタ目に近縁の昆虫のグループが、3－7の分類表に示したように直翅系昆虫と呼ばれる昆虫たちで、ゴキブリ、カマキリ、ナナフシ、ハサミムシといった各グループに属する昆虫たちである。

　バッタといえば、子どもたちにも人気の昆虫の一つで、誰しもが知っている昆虫でもあるだろう。バッタ目にはコオロギやキリギリスといった、これまた知名度の高い昆虫たちが含まれている。ただしバッタ目の中にはカマドウマといった、どちらかといえばきらわれ者に分類される昆虫もいる。また、バッタ目全体に目を通すと、まだまだほかにも「いろいろ」な昆虫たちがいる。こうしたバッタ目の昆虫は、スケッチ向きの昆虫である。というのも、バッタ目の昆虫は、比較的柔らかい体をしているため、乾燥標本にしてしまうと生きているときとは色や「かたち」が変わってしまうことが多いからだ。昆

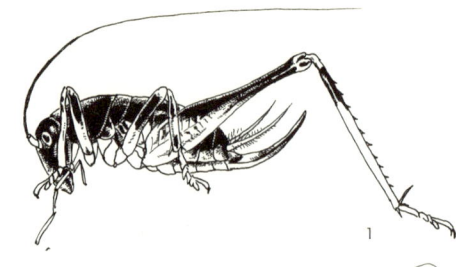

図77　1：ヤンバルクロギリス(33mm)
　　　2：ズングリウマ(34mm)
　　　3：オキナワツユムシ(25mm)

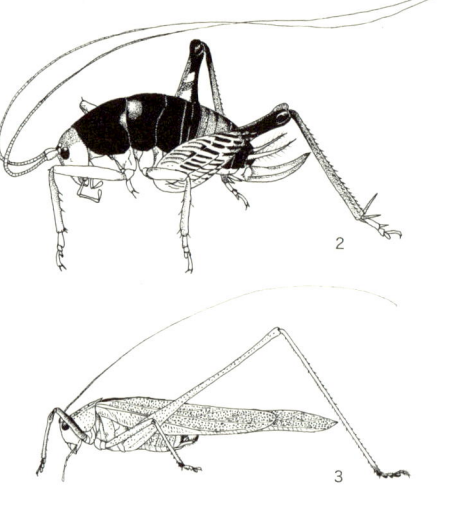

虫スケッチの容易なところは、乾燥標本として保存しておけば、スケッチのモデルをいつでも準備できることにあると先に書いたのだが、その一方で、乾燥標本で残しづらいものこそ、スケッチで「かたち」をとどめておく必要があるものだともいえる。

　また、以下で具体的に述べるが、バッタ目に含まれるバッタやコオロギ、キリギリスといった昆虫は、日本産のものに限れば、それほど驚くような「かたち」をしているものはなさそうに思える。みな、いずれも「バッタやコオロギ・キリギリスの仲間だよね」と思える「かたち」であるのだ。しかし、よくよく見れば、その共通しているように思える「かたち」の中に、特異的な「かたち」を見出すことができる。その、よくよく見ればというのが、これまたスケッチ向きということである。これらの昆虫は、カブトムシやクワガタのようにひとめでわかるような角や顎は持っていない。また、チョウのような派手さもない。しかし、スケッチを通して、丁寧に見ていくと、限りない興味深さが浮かび上がってくるもののように思う。

　また、スケッチをするにあたって、バッタやコオロギを描く特別の技法は存在しない。これまで甲虫やチョウをスケッチする際に紹介したものと、その技法は共通している。ただし、トンボ同様、モデルの鮮度には注意を払う必要がある。

　バッタ目の特徴としては、比較的柔らかい体のほか、発達した後脚を共通

点としてあげることができる。バッタ目はコオロギ亜目（キリギリス亜目とされる場合もある）とバッタ亜目に分けられているが、コオロギ亜目についていえば、発達した長い触角も共通している。コオロギ亜目に含まれる、キリギリス科のオキナワツユムシと、カマドウマ科のズングリウマ、同・クロギリス科のヤンバルクロギリスを見比べてみれば（**図77**）、科の違いを超えて、基本デザインはよく似ているということがわかる。これらの昆虫は、これまでの上面から見てのスケッチと異なり、側面からのスケッチのほうが、描きやすいというのも共通点である。

　一方、コオロギ亜目の中でも、コオロギ科やマツムシ科の昆虫たちは、どちらかといえば、体が上下に平たく、狭い隙間に入り込むように、「かたち」が変形したものだということができる。そのため、コオロギやマツムシのスケッチは、これまでの昆虫のスケッチのように、上面からの

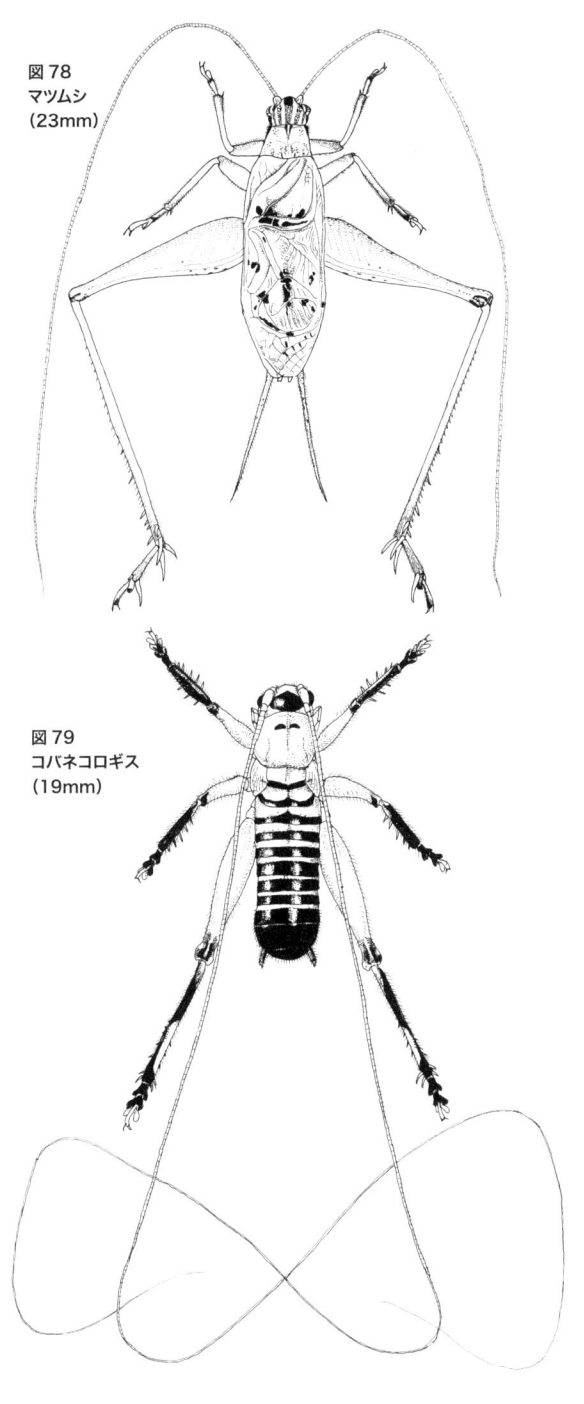

図78
マツムシ
(23mm)

図79
コバネコロギス
(19mm)

4　昆虫スケッチの画法——109

スケッチのほうが適している（**図 78**）。

　化石の証拠から、直翅類はすでに古生代・石炭紀には出現していたことがわかっている。そして、石炭紀の次の時期である二畳紀の化石から、コオロギに近い翅と考えられる化石が出土しているため、コオロギの仲間はかなり古い起源を持つ昆虫であると考えられている。つまり、バッタ目と総称されてはいるものの、バッタ亜目よりも、コオロギ亜目のほうが出自は古く、より祖先的な「かたち」を残した昆虫であるということができる。

　コオロギ亜目の昆虫について、もう少し「いろいろ」な「かたち」を見ていきたい。
　コオロギ亜目に含まれる、コロギス科の昆虫も上面からのスケッチが適した昆虫である。コロギスの仲間は、普段は葉をつづったものの中などに隠れていて、夜間になると隠れ家から外に出てくる。コバネコロギスのスケッチを見てほしい（**図 79**）。発達した後脚、長い触角など、コオロギ亜目の昆虫に見られる共通性は、この昆虫にも見ることができる。ただし、コバネコロギスの場合、前脚や中脚も、ほかのコオロギ亜目の昆虫に比べ、よく発達していることがわかる。この発達した前脚には、鋭いトゲも並んでいる。コロギスの仲間は捕食性の昆虫であり、この発達した前脚を使って、ほかの昆虫を捕えるのである。捕食性昆虫といえば、カマキリの「かたち」がすぐ目に浮かぶが、コロギスは、コオロギ亜目の「かたち」の基本をあまり変化させることがなく、捕食性を獲得している昆虫であるといえる。また、その洗練されていない「かたち」から思い浮かぶのは、力まかせに獲物を押さえつけて捕食するという姿である。逆にいえば、カマキリは、捕食に特殊化した「かたち」を持つ、職人的な捕食の技の持ち主といえるだろう。

　「かたち」として、共通性が多く、捕食性となってもそれほど「かたち」に特殊化が見られないコオロギ亜目の中で、もっとも特異的な「かたち」をしたものは何かといえば、それがケラである。
　ケラは一般には、「ケラ」として認知されていて、どんな昆虫と縁が近いかなどとは考えないかもしれないが、ケラはコオロギに近い仲間であり、上

面からのスケッチのほうが適した「かたち」をしている。ただし、その「かたち」はコオロギのような隙間に入り込む「かたち」からさらに進んで、地下生活に特化した「かたち」となっている。以前、南米を旅行したときに、ケラを見つけたことがある。そのとき、南米産のケラがほとんど日本で見るケラと同型同大であったことに驚かされた。また、知人がアフリカに調査にいったときに見つけたケラが、またほとんど日本のものと同じような「かたち」をしていて驚いたということを、自身のブログにつづっていた。もちろん、アフリカや南米のケラは日本のものとは別種であるのだが、地下生活という「くらし」に関して、ケラの「かたち」はバッタ目がつくりだしうるものとしては究極の姿であり、バリエーションを生み出す余地がないということを意味している。

　その究極の「かたち」であるケラをスケッチする。

　スケッチをする時間は、昆虫の「かたち」と、その「かたち」を生み出した「れきし」や「くらし」との対話の時間である。ケラをスケッチする中で感じたことは、これほど、毛の質感を出すのに気を使う昆虫スケッチもあまりないのではないかということだった。ケラは全身に細かな毛が密生しているが、特に前胸のビロード状の毛の質感をどのように表現したらよいか、しばし悩む。結果、暗部は思い切ってベタを塗り、明部に細かな短毛が密生しているさまを 0.13 mm のロットリングを使用して表現した。このケラのスケッチは、同じ地下生活者であるモグラのスケッチをしたときの表現法を思い起こさせるものだった（モグラのスケッチについては、前著をご覧いただきたい）。こうした細い短毛は、体に土がつくのを防ぐ意味があるのであろう。それが、哺乳類と昆虫という、体のデザインも、その「れきし」もまったく異なる生き物の間で共通して見

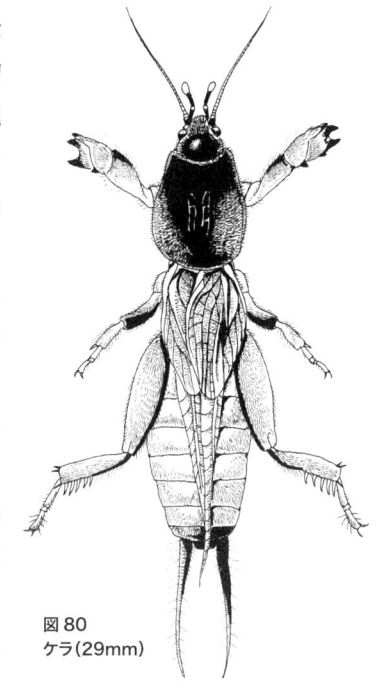

図80
ケラ(29mm)

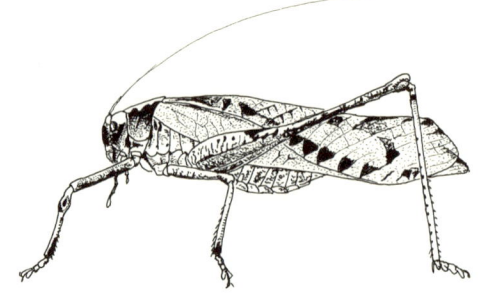

図81
タイワンクツワムシ(70mm)

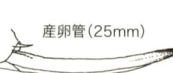

産卵管(25mm)

られるということが大変に興味深い（**図80**）。

化石の証拠から、コオロギ亜目のほうが、バッタ亜目よりも出自が古いことがわかっている。さらに、「かたち」のうえから、コオロギ亜目が祖先型に近いと考えられる理由として、コオロギやキリギリスは産卵管を持つのに、バッタには産卵管がないという点があげられる。

産卵管は、卵を基質の中に埋め込むために使われる。化石から見つかる古代のゴキブリには産卵管があるという報告がなされている。直翅系昆虫の共通祖先は、産卵管を持っていたということであろう。ゴキブリの場合は、卵鞘で卵を包むという方法を獲得したため、卵は乾燥から守られることになり、湿潤な基質の中に卵を産み込む必要性がなくなり、産卵管は退化した。バッタにも産卵管はない。産卵管のないバッタは、メスが土中に腹部を伸ばして卵塊を産み付ける。バッタといえば、草原の昆虫である。この草原（つまりイネ科を主体とした植生）は、森林に遅れ、中生代末期以降、発達してきた地球の歴史の中では比較的新しい植生であると考えられている。つまり、バッタは、こうした新しく生まれた草原という植生の発達と歩を一緒にして進化してきた昆虫であると思われる。バッタの祖先は、それ以前から、森林の中で暮らしてきた。そうした祖先たちにとっては、さまざまな植物体に卵を産み込むために必要だった産卵管が、草原に進出することによって、バッタでは失われたのであろう。

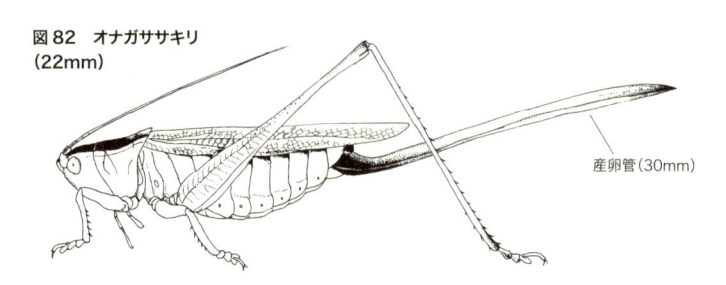

図82 オナガササキリ
(22mm)

産卵管(30mm)

図83
サトクダマキモドキ

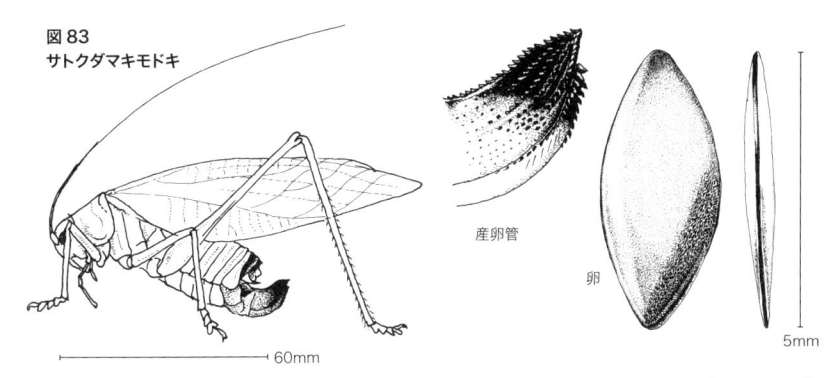

産卵管

卵

60mm

5mm

　バッタでは捨てられることになった産卵管であるが、コオロギ・キリギリス類ではその産卵管に「いろいろ」な「かたち」を見て取ることができる。つまり、卵を産み付けるための基質の特質（たとえば土であったり、柔らかな草であったり、硬い樹木の枝であったり）にあわせた「かたち」がそこに見出されるのである。大型のキリギリス類タイワンクツワムシの産卵管のように、細長い産卵管が、いわば標準的な産卵管の「かたち」である（図81）。また、標準的な「かたち」であっても、オナガササキリのように体長に比して、極端に長くなった産卵管の例もある（図82）。サトクダマキモドキの場合、産卵管は、まるで短剣のようであり、表面には多くの刺が生えている。これは、硬い基質に切り込みを入れ、卵を産み付けるのに適した「かたち」である（図83）。なお、サトクダマキモドキは、卵も特徴的であり、平たいカキノタネのような「かたち」をしている。

　続いて、バッタ亜目の昆虫について見ていく。
　むろん、バッタ亜目の代表はバッタ科に含まれる、トノサマバッタやイナゴ類であるのだが、ここでは、もう少しマイナーな（つまりはスケッチ向きな）バッタ亜目の昆虫を紹介したい。
　日本産のバッタ亜目の中で、特に変わった「かたち」をしているものといえば、ノミバッタ科の昆虫である。ノミバッタの仲間は、田んぼの畔などに、土でシェルターをつくって、その中に隠れていることが多い。体は小さいが、スケッチをしてみると、アンバランスなほどに大きな後脚が目につく。また、その後脚は、先端部の構造が、ほかのバッタ目の昆虫とまったく異なってい

図84 ノミバッタ(6mm)

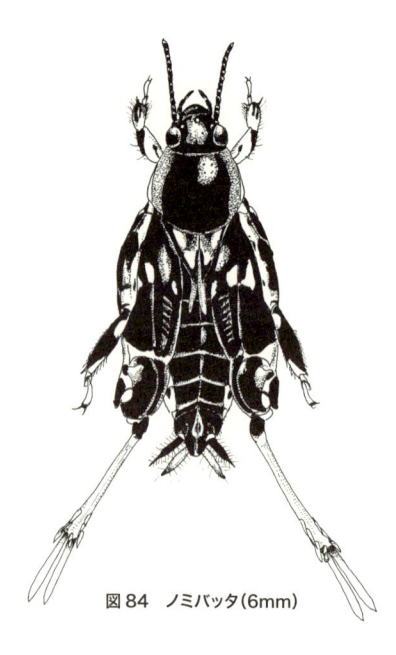

る。昆虫の脚のつくりは、オキナワオオミズスマシのところで解説したように、基本的に共通している。ところが、ノミバッタの場合、後脚の先端の構造が、ひとめでとらえがたくなっている。よくよく見てみると、普通の昆虫の脚先にある跗節と呼ばれる部分が著しく短縮し、そのかわりに脛節の末端の刺が２本、発達しているのである（図84）。ノミバッタは特異な「かたち」をした昆虫であるため、古くから、バッタ亜目に含まれるのか、コオロギ亜目に含まれるのか議論があった（ケラに近い昆虫だと考えられていた）ほどである。

　ノミバッタの「かたち」は大変に魅力的である。ところが、スケッチをしてみると、さらに魅力を感じるバッタ亜目の昆虫がいることに気づく。それがヒシバッタ科に所属する昆虫たちである。ノミバッタ自体は、確かに、大変に魅力的な「かたち」であるのだが、日本産ノミバッタ科に含まれる４種は、ほとんど同一の「かたち」をしている。ところが、ヒシバッタの仲間は、日本産のものの中でも、「いろいろ」な「かたち」をしたものを見ることができるのである。実は、少年時代、ヒシバッタの仲間などは、「クソバッタ」と称して、ろくに目を向けることもなかった。ところが、スケッチをするために実体

図85　オキナワヒラタヒシバッタ(15mm)

図86　ミナミハネナガヒシバッタ(13mm)

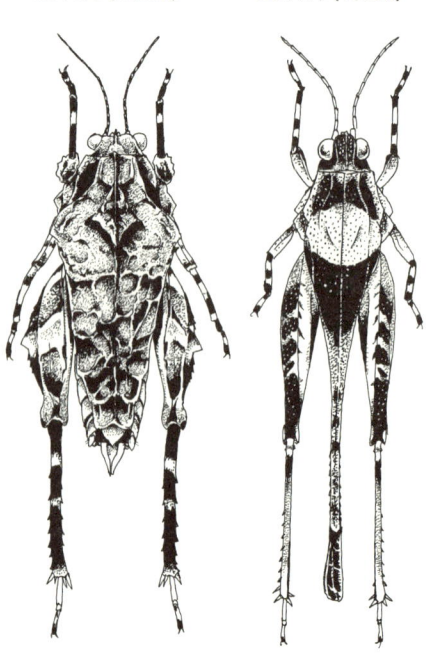

顕微鏡で拡大をしてみると、ヒシバッタの仲間はきわめて魅力的な「かたち」をしていることに気づかされる。

特に琉球列島には、魅力的なヒシバッタが分布している。僕が住

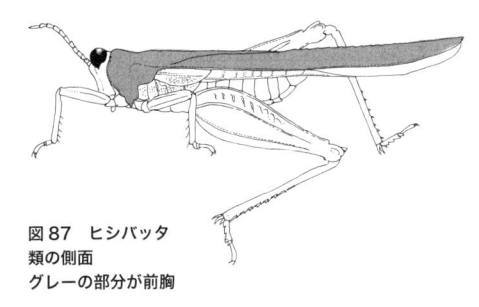

図87　ヒシバッタ類の側面
グレーの部分が前胸

んでいる沖縄島を例にする。バッタといえば、先に書いたように、草原の昆虫であるというイメージが強い。しかしヒシバッタに関していえば、草原の昆虫とはいいがたい。

たとえばヤンバルの森の中を、夜、懐中電灯を片手に歩き回ると、木の幹にとまったヒシバッタを目にすることがある。オキナワヒラタヒシバッタである（図85）。上面から見たスケッチでは、何やら背中には、複雑な突起があることがわかる。木の幹にとまると、茶色の体色とあいまって、隠蔽効果となる「かたち」である。この「背中」がくせものである。

実はこうしたヒシバッタの「背中」は、前胸が発達した構造物である。

図88　左：オキナワトゲヒシバッタ(17mm)
　　　右：オキナワコケヒシバッタ(10mm)

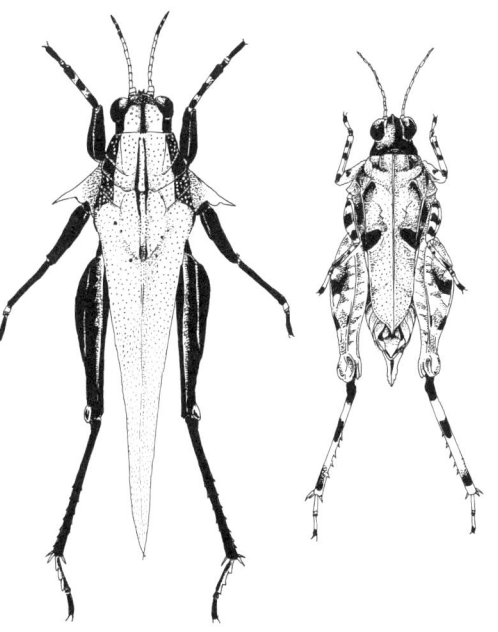

次は、山を下り、田んぼまわりの空き地で採集したミナミハネナガヒシバッタのスケッチと見比べてほしい（図86）。今度は全体的にスリムな形で、どうといって、変わったところがあるとは思えないかもしれない。しかし、このバッタも、前胸が異様に発達している点では、オキナワヒラタヒシバッタと変わらない。ヒシバッタ類を側面から見ると、その前胸の発達具合がよくわかる（図87）。

上述のように、ヒシバッタ科の昆虫には前胸が異常に発達するという共通点がある。沖縄島で見られるヒ

図89 アマミコケヒシバッタ
（11mm）

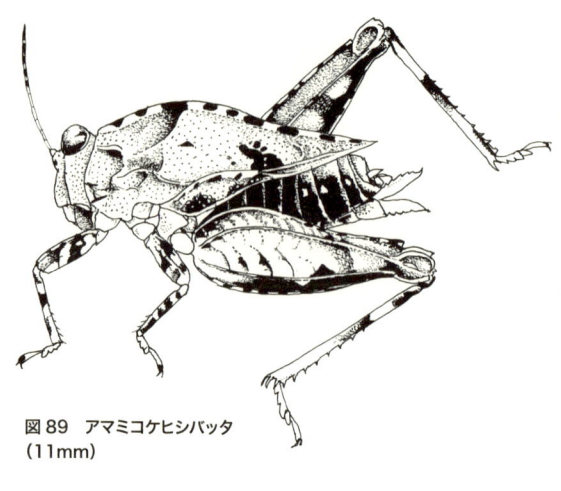

シバッタをもう2種紹介する。湿地に生息するオキナワトゲヒシバッタとオキナワコケヒシバッタである（**図88**）。前者は、前胸の一部が横に刺状に張り出していて、天敵が口に入れたときの障害となるようになっている（前胸の後端もかなり後方まで伸び、なおかつ先端が尖っている）。オキナワコケヒシバッタのほうは、白黒図だとわかりにくいが、緑色を交えた複雑な色合いをしており、岩の上のコケにとまっていると（ヤンバルの沢の岩の上などに生息している）、見つけるのが困難である。なお、奄美大島にはアマミヒラタヒシバッタとアマミコケヒシバッタが分布しているが、それぞれ、沖縄産の近似種よりも突起が発達していて、大変にカッコがいい（**図89**）。熱帯を中心に分布をしているツノゼミと呼ばれる昆虫は、前胸が不思議な形に発達しているものが多く、その奇妙な「かたち」ぶりが有名であるが、ヒシバッタもそこまでいかなくとも、前胸にさまざまな「かたち」の工夫を凝らしている昆虫である。海外には、さらに珍妙な前胸の「かたち」をしたヒシバッタがいる。まだスケッチをする機会に恵まれていないので、いつかはスケッチをしてみたいと思う昆虫である。

4—5 アリのスケッチ

　直翅類は、スケッチ向きの昆虫であると書いた。もう一つ、スケッチ向きの昆虫の名をあげておきたい。それがアリである。
　なぜ、アリがスケッチ向きであるのだろう。
　アリは、もっとも身近で見られる昆虫の一つである。それが、スケッチ向きであるという理由の一つだ。すなわち、アリは、スケッチのモデルとして、

すぐに入手が可能である。

　ところがアリは身近な昆虫である一方、学生たちに、「知っているアリの種類は？」と問うと、「アカアリ、クロアリ、シロアリ」という答えが返されたりするような昆虫でもある。前述のように、シロアリはアリとは無縁で、ゴキブリに近い昆虫である。また、アカアリ、クロアリという名のアリもいない。アリは日本からは273種も報告があるのだが、その小ささゆえに、一般には「アリ」という総体でしか認識されていないのではないかと思う。

　これが、アリがスケッチ向きであるという理由の第二点目である。

　体の小さいアリは、その小ささゆえに、普段はそこまでまじまじと見られる機会がない昆虫である。そんなアリを実体顕微鏡で時間をかけて観察・スケッチしていくと、アリの種類ごとに、それぞれの「かたち」があることが初めて見えてくる。そして、野外においてもアリの存在に気がつくようになる。さらには、アリの種類も見分けられるようになってくる。アリはスケッチすることで見えてくることが多い昆虫であるということである。アリは小さいため、スケッチに苦労することは確かである。しかし、何度も書いているが、時間をかけてスケッチをすることは、それだけ時間をかけて対象との対話を交わしていることにほかならない。

　たとえば沖縄の僕の家は、那覇の街中にあるマンションの7階である。そんな僕の家でも、いながらにしてアリの姿を見ることができる。机の上に昆虫標本をうっかり出しっぱなしにしておくと、たちまち小さなアリがたかっている。頭部と腹部が暗い色で、胸部が明るい色をしたフタイロヒメアリである。このアリは、家の中でも繁殖することのできるアリの一つで、屋内性のゴキブリ同様、やっかいな害虫だ。アリのすべての種類が屋内に入り込むわけではないのは、ゴキブリと同様である。僕の家の場合でも、ベランダには別のアリが巣くっていて、この種類は屋内には入ってこない。ベランダにいるのは、ちょこまかと足早に動くケブカシワアリである。

　僕の生家は南房総にある、畑や山に囲まれた古ぼけた一軒家である。この生家では、沖縄の家で見られるアリとはまったく異なったアリたちを見ることができる。生家の庭先でまず目につくのは、アリとしては大型のクロヤマ

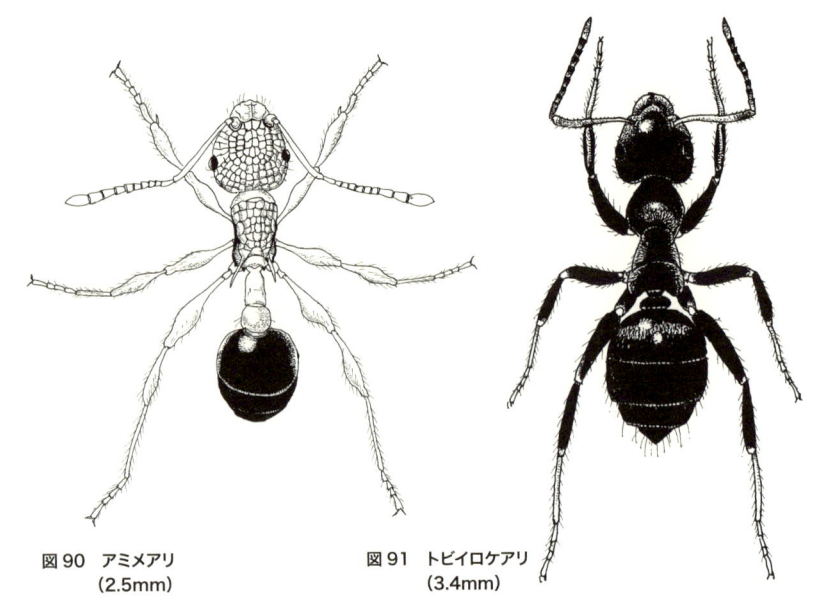

図90　アミメアリ
　　　(2.5mm)

図91　トビイロケアリ
　　　(3.4mm)

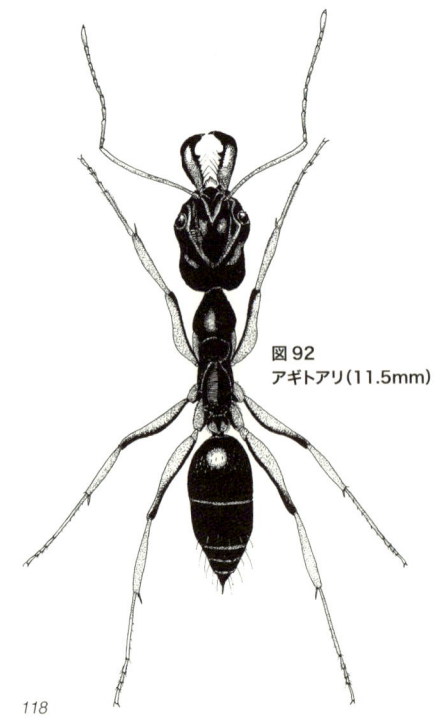

図92　アギトアリ(11.5mm)

アリである。庭先でダンゴムシの死体に群がっていた小さなアリは、アミメアリ（**図90**）である。また、庭木の根元に転がっている枯れ木を割ってみると、中からわらわらとトビイロケアリの集団が姿を現す（**図91**）。庭石をひっくり返した下から姿を現すのは、兵隊アリの頭が普通のワーカー（働きアリ）に比べて異様に大きなアズマオオズアリだ。小さな庭でも、これだけのアリがすみついている。

　これらのアリを、実体顕微鏡で拡大してみると、それぞれに個性的な姿をしていることに気づくだろう。アリはこのように、見ようとすれば都市部であろうが、家の中だろうか、なんらかの種類を見ることができるものである。

　アリのスケッチについて述べる

前に、アリとはどんな昆虫なのかについて、少し説明が必要だろう。アリはハチの仲間（ハチ目）である。世界から11000種もが知られているという多種多様なアリは、すべてアリ科として分類されている。アリの出自については、現在、

図93　セイヨウミツバチ（14mm）

ハチの中でもスズメバチに近い仲間から進化してきたと考えられている。そのため、原始的な体のつくりを残すアリには、ハチ同様、毒針がある（**図92**）。

　セイヨウミツバチの体を見てみることにしよう（**図93**）。
　ハチのスケッチも、これまでの昆虫のスケッチと何も変わることはない。ミツバチは胸にたくさんの毛が生えているので、この毛の質感をどう表現するのかが、要点となる。図示しているスケッチにあるように、胸の輪郭をペン入れするとき、毛にじゃまをされて、輪郭がはっきりしないところがあるという点を、きちんと表現する必要がある。普段目にする、図示したようなミツバチは働きバチであるが、もちろん毒針を持っている。この毒針の由来は何かといえば、直翅類のスケッチのところでふれた、産卵管である。原始的なハチでは産卵管であったものが、ほかの昆虫を幼虫のエサとするために狩るカリバチにおいて、産卵管としてではなく、麻酔薬を打ち込む注射針や、防御用としての役割を果たすようになり、さらにミツバチやスズメバチなどの社会性のハチにおいては、もっぱら防御用の毒針に特化したのである。
　毒針は産卵管由来であるから、メスにしか存在しない。どんなハチであれ、オスは刺すことができないのである。社会性のハチ（ミツバチ、スズメバチ、アシナガバチなど）では、普段目にする働きバチはみなメスである。

加えて女王バチももちろん、メスである。オスバチは個体数も少なく、また限られた季節に短期間、存在するだけであったりする。そのため、オスバチの存在は、一般にはあまり認知されていない。スズメバチ類のオスは毒針がないだけで

図94　コガタスズメバチ(24mm)　左：メス　右：オス

なく、触角などの外部形態にもメスとの違いが見られる（**図94**）。また、オスバチには、毒針のかわりに、ペニスがある。養蜂家から分けていただいたセイヨウミツバチのオスの輪郭スケッチと、そのペニスの拡大図（普段は体内にしまい込まれている）を図示しておく（**図95**）。

また、ハチの体には毒針以外にも、独特のつくりがある。それが、胸部

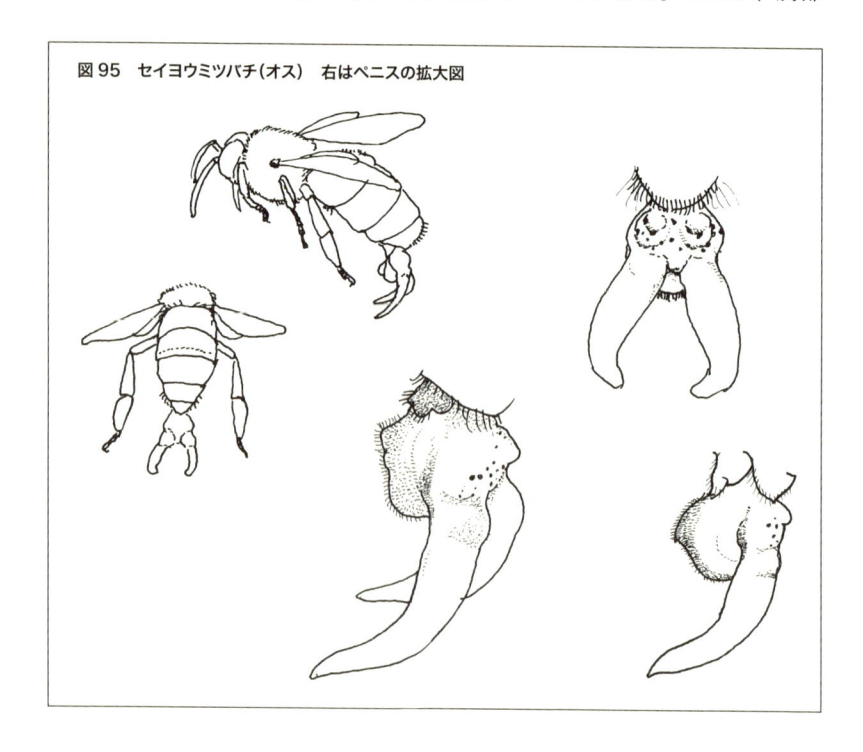

図95　セイヨウミツバチ(オス)　右はペニスの拡大図

コラム⑥　社会性昆虫のスズメバチでは、巣に近づいただけで毒針を持つ働きバチが攻撃してくる場合がある。単独営巣のクマバチでは、直接メスバチを捕らえない限り刺されることはない。ウマノオバチのメスはきわめて長い「針」を持つが、これは産卵管であり人間を刺す力はない。

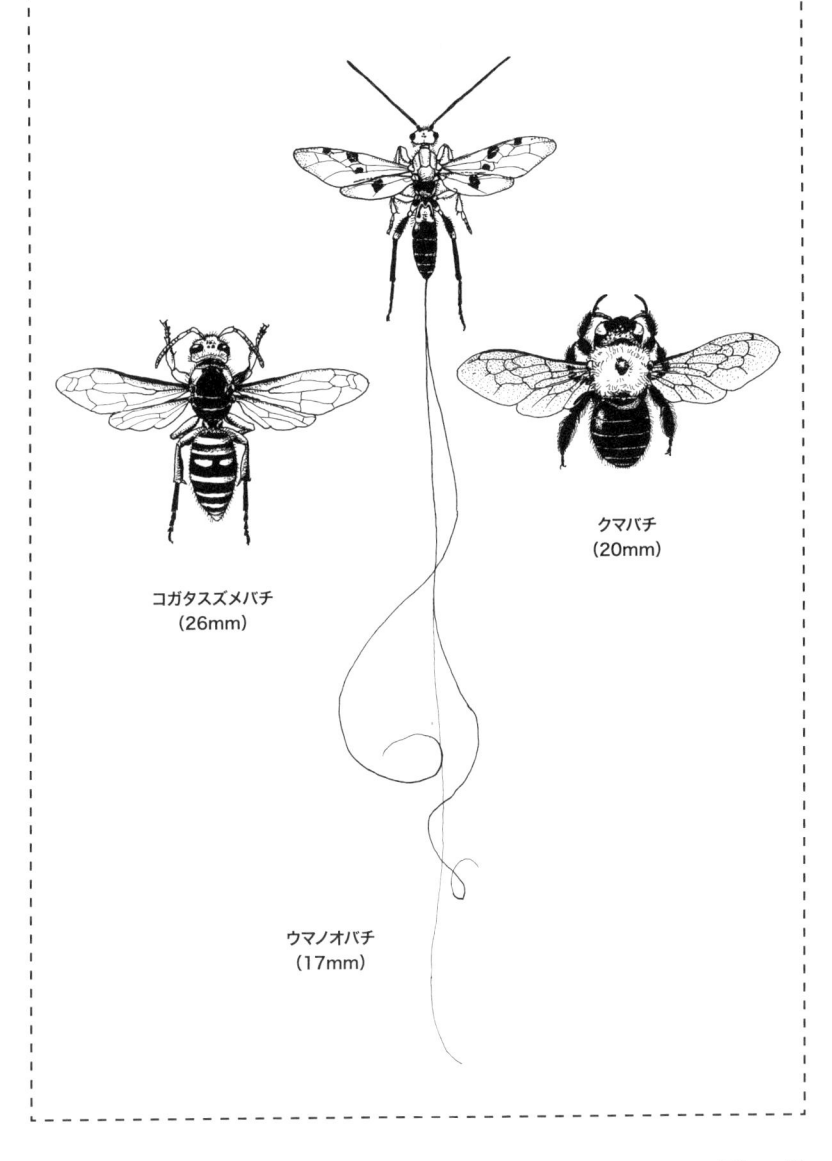

コガタスズメバチ
(26mm)

クマバチ
(20mm)

ウマノオバチ
(17mm)

4　昆虫スケッチの画法——121

の構造である。昆虫は頭・胸・腹からなるというのは、小学校でも教わる内容である。復習となるが、昆虫は節足動物の一員であり、その節足動物の基本デザインは、体が多数の節からなっていて、その各節ごとに、1対の脚を持つというものであった。もちろん、昆虫の場合は、体の節の多くから、脚は省略され、歩脚は3対のみである。つまり、昆虫の脚が3対ということは、胸は三つの体節からなるということであったわけである。しかし、ハチの体を側面から見ると、胸の体節が4節からなることがわかる。

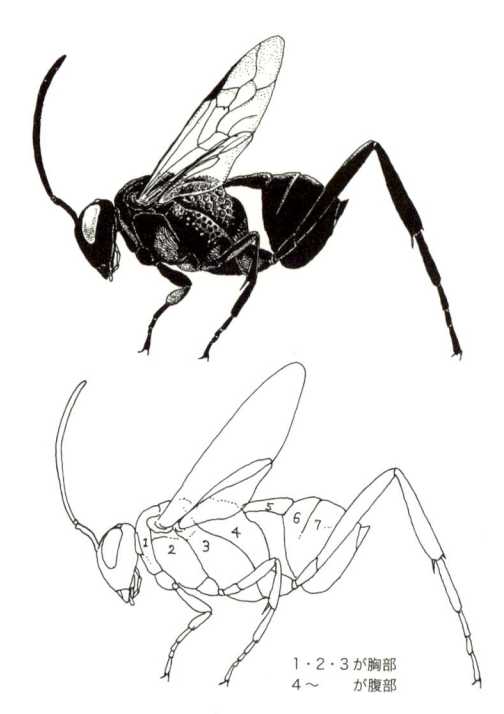

図96 ゴキブリヤセバチ(7mm)

1・2・3が胸部
4〜　が腹部

　胸の4節目は、もともとは腹部の体節であったものだ。胸に強力な筋肉を入れるよう、腹部から1体節「借りてきて」、胸が4節になっているのである。図示したゴキブリヤセバチ（ゴキブリの卵鞘に寄生するハチ）では、腹の5節目が極端に細くなり、「腰」状になっている（**図96**）。こうした細いくびれをつくることで、腹部の可動性をよくし、たとえば産卵をするときや、防御のための毒針使用のときに、産卵管や毒針を打ち込める範囲を広くしているのである。

　では、アリのスケッチに入ろう。アリのスケッチの場合も、まず、紙の真ん中に直線を引くことから始め、下書き……と進めていく過程は、これまで紹介した昆虫スケッチと変わることはない。そのため、ここでは、アリの「かたち」にどれだけ「いろいろ」が隠されているのかを紹介することを中心としたい。

図97　「いろいろ」な「かたち」のアリ

アシナガキアリ(4mm)

ハシリハリアリ(5.2mm)

ホソウメマツオオアリ(5mm)

オオズアリ(5mm)

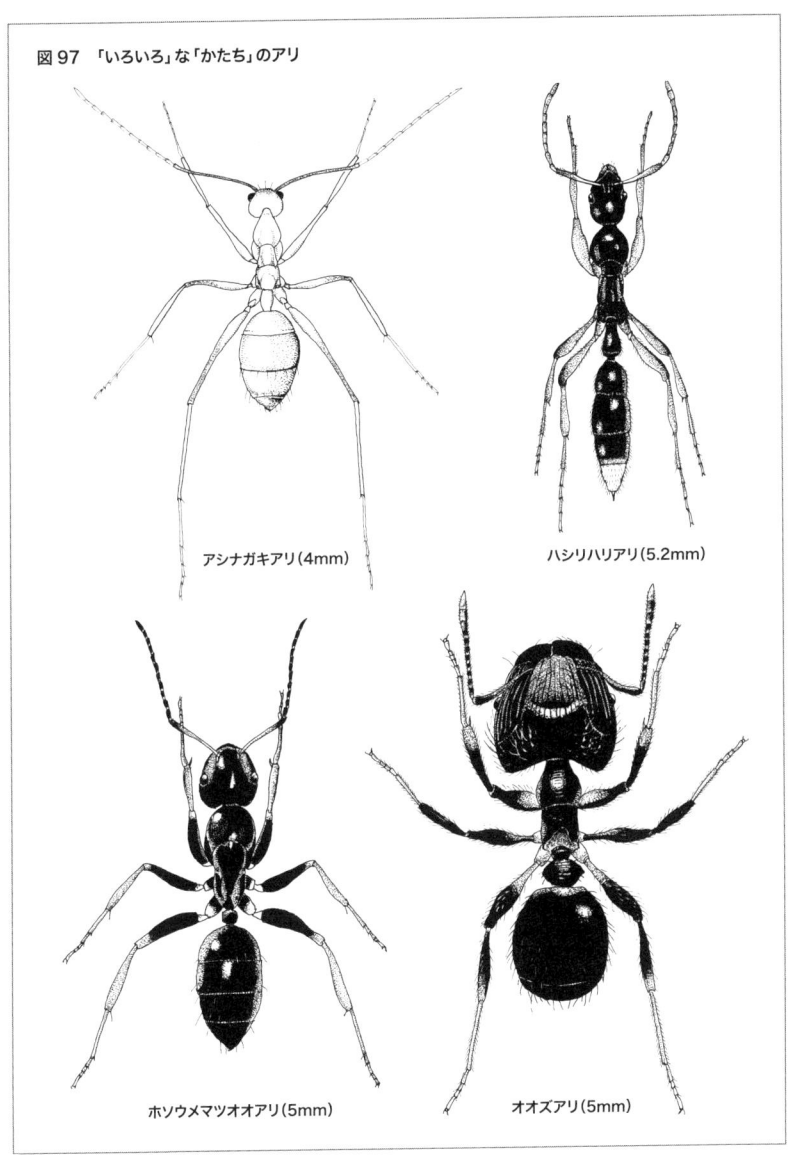

　まずは、アリにも、「いろいろ」な「かたち」があることを見てほしい。いわゆるアリっぽい「かたち」をしているホソウメマツオオアリ。大顎が特別に大きなアギトアリ。体がスリムであるハシリハリアリ。頭でっかちであるオオズアリ。脚が細長い、アシナガキアリ（**図97**）等々。アリはハチか

4　昆虫スケッチの画法——123

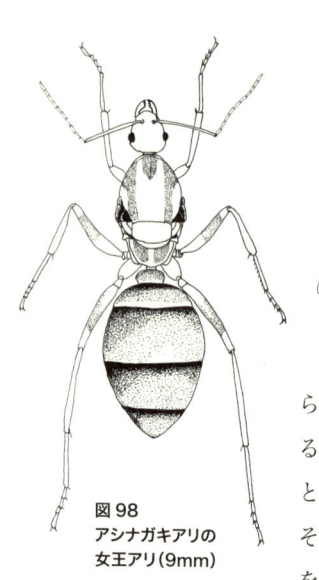

図98
アシナガキアリの
女王アリ(9mm)

図99
トビイロケアリ
有翅虫(4mm)

ら進化してきた。が、ハチの体表には点刻が密にあるものがめずらしくないが、アリの体表はどちらかといえば、つるっとしているものが多い。ただし、その体表に細毛が生えていることが多いので、ベタを塗ったあと、白絵の具で毛を描き込むというのが、黒っぽいアリのスケッチには必須の作業となる。

　種類による「かたち」の違い以外に、アリの場合はカーストによる「かたち」の違いがある。先にスケッチを紹介したアリたちはみな、働きアリであるが、同じアリでも女王となると、ずいぶんと「かたち」が異なる（図98）。この女王は、すでに翅を落としたものであるが、羽アリと呼ばれるまだ翅を落としていない有翅虫（女王アリ、およびオスアリ）は、その祖先のハチを思わせる「かたち」をしている（図99）。

　また、アリの大きさもさまざまである。1cmを超えるものから、1mm程度のものまでいろいろである。実体顕微鏡を使った場合でも、1mmのアリはスケッチをするのに困難をともなう。逆に3〜4mmの大きさがあれば、十分に細部まで観察してのスケッチが可能である。個々のアリについてでき

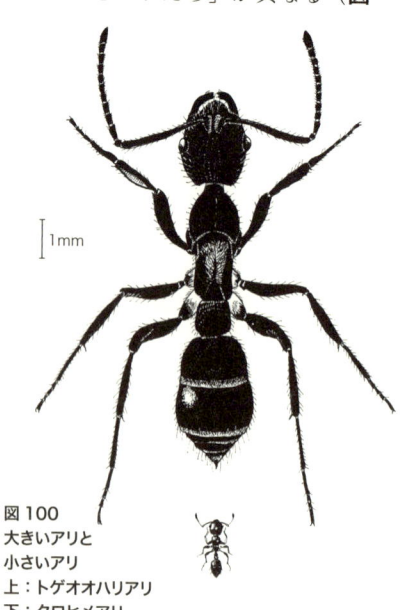

図100
大きいアリと
小さいアリ
上：トゲオオハリアリ
下：クロヒメアリ

るだけ大きく描きたいところであるが、ここに図示したスケッチにおいては、アリの大きさのバリエーションを提示したいため、あえて小さなアリを大きなアリと同縮尺で描いている（図100）。

　先に書いたように、原始的なアリには毒針がある。アリの大きさのバリエーションを示す際のスケッチのモデルであるトゲオオハリアリは、沖縄では公園などで普通に見かけることのできるアリである。このアリには毒針があり、人間も刺されると強い痛みを感じる。試しに生きたシロアリをトゲオオハリアリの目の前に差し出すと、すかさずシロアリを顎でくわえ込み、腹部を折り曲げて、毒針を数度、打ち込む様子が観察できた。

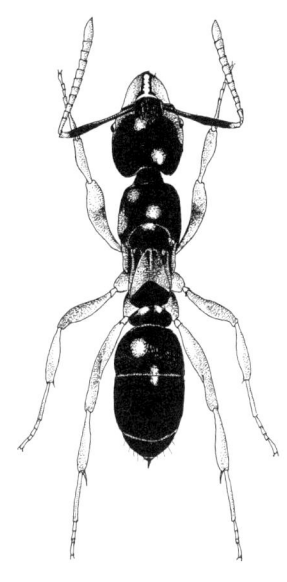

図101　オオハリアリ(4mm)

　こうしたハリアリ類は原始的な体のつくりをしている。しかし、ハリアリは、決して少数派なわけではない。

　アリ科はいくつもの亜科に分けられているが、そのうち世界的に見て繁栄している「4強」亜科がある。ハリアリ亜科、カタアリ亜科、ヤマアリ亜科、フタフシアリ亜科である。つまり、原始的な「かたち」を有しているはずのハリアリ亜科は、細々と生き残っているわけではなく、アリの中の主流派の一つであるわけだ。ハリアリはアリの多様化が進んだ初期に、林床でほかの節足動物の捕食者となるという「くらし」を確保し、以後も半ば独占的にその「くらし」を保っているがために、原始的な「かたち」を持っていながらも主流派の一つになりえているのではないかという仮説が提出されている。

　沖縄では、先に紹介したように、都市部の緑地でも大型ハリアリ類のトゲオオハリアリを見ることができるが、もっとまとまった緑地にまで遠征すれば、さらに多くのハリアリ類に出会うことができる。これらハリアリ類は、体ががっちりしたものが多く、スケッチをした際、カッコイイと思えるアリである（図101）。

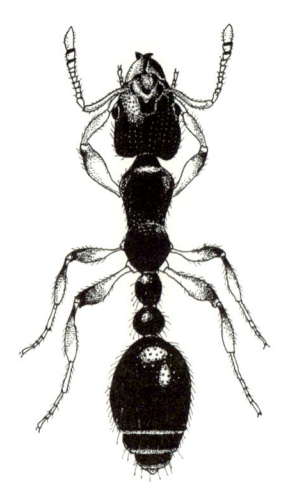

**図102　フタフシアリ類
オオウメマツアリ（3.3mm）**

　アリはハチの仲間であるが、いくつか、ハチの体から変革されている「かたち」がある。アリをよく見ると、腹部と胸部の間に、独立した1節がある。「昆虫は頭・胸・腹に分かれる」という小学校の学習内容からすると、アリのこの腹部と胸部の1節（腹柄節と呼ばれる）は、いったい何になるのだろうか。その答えは「腹」である。ハチは腹部の第1節を胸部に合体させたということは紹介したが、アリの場合、さらに腹部の第2節の後端部にも関節をつくり、腹柄節として独立させることで、腹部をより自在に動かせるようにしたわけである。さらに、これでも足りないと思ったのか、フタフシアリの仲間は、腹部と胸の間にもう一つ、独立した節をつくりあげた（フタフシの名の由来）。

　このフタフシアリは、ハリアリよりも遅れて登場してきたアリだ（**図102**）。フタフシアリは、遅れて登場してきたアリであるが、ハリアリが占拠していた林床にも、ハリアリよりも多くの種類が見られるほど、繁栄しているアリである。また、ハリアリでは見られない、アブラムシやカイガラムシと共生関係を結び、また中には植物の種子などもメニューに加えることで、ハリアリの見られない、砂漠や乾燥地帯にまで分布を広げている。一方、ヤマアリやカタアリは、アブラムシやカイガラムシとの共生関係をさらに発展させるとともに、樹上というハリアリが進出しえなかった環境に進出したアリの仲間であると考えられている。

　このように、アリにもいくつかのグループがあり、それぞれの「れきし」と、得意にする「くらし」がある。すなわち、アリのすべてが、アブラムシの蜜を好むわけではないのである。

4-6　そのほかの昆虫スケッチ

　3-7に昆虫の分類表を載せた。このうちバッタ目に「れきし」的に近い

グループが、直翅系昆虫と呼ばれる、表の中でカワゲラ目からカマキリ目までのグループである。この直翅系昆虫の中に、庭先で石をひっくり返すと出てくる身近な昆虫である、ハサミムシがいる（図103）。

ハサミムシは、決して種類が多い昆虫のグループではない。それでも、そのハサミには種による、さまざまな「かたち」の変異があり、そこにもまた、昆虫の「いろいろ」を感じることができる。

ハサミムシは尾端から突き出るハサミが特徴である。たとえば、ハチの毒針が産卵管に由来していたように、ハサミムシのハサミの起源も、ほかの昆虫にさかのぼって見ることができる。ほかの直翅系昆虫にも、ハサミ状になっていない尾端の1対の突起は広く見られ、たとえばゴキブリの場合、突起は尾角と呼ばれている（図104）。

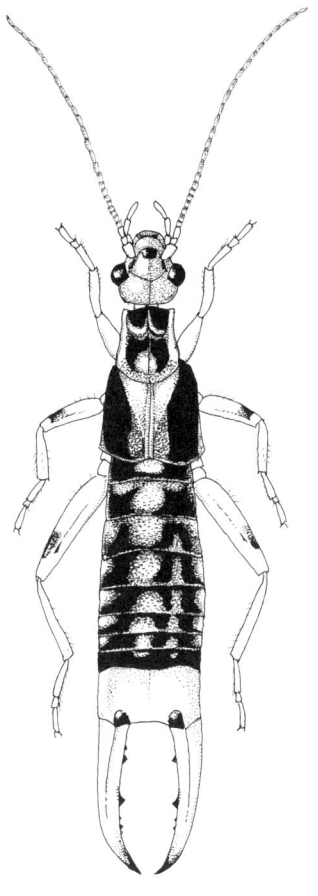

昆虫は節足動物に属している。これも繰り返しになるが、節足動物の基本デザインは、体が多数の節からなり、その節ごとに1対の脚がついているというものである。「れきし」の中で、節足動物は、この基本デザインをさまざまに改変してきた。昆虫の場合は、歩脚を3対にまで減らす（つまり六脚類の名の由来）という改変をおこなった。しかし、もとは体の各体節に脚があったわけであり、そのなごりとも呼べる器官が今も見られる。たとえば、昆虫の顎は左右に開く。クワガタのオスの大きな顎を思い浮かべるのが、もっともわかりやすいだろう。なぜ、脊椎動物の口（顎）は上下に開閉するのに、昆虫の顎は左右なのかといえば、昆虫の顎がもとは脚に由来するからである。昆虫の頭部は、いくつもの体節が癒合したものと考えられ（5節からなると

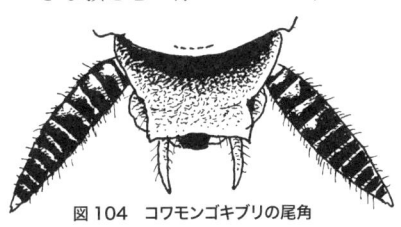

図103　オオハサミムシ

図104　コワモンゴキブリの尾角

考えられている)、大顎以外にも、脚由来とわかる突起を口の周囲に見て取ることができる。ゴキブリの尾端に見られる尾角といった突起物も、腹部の脚の変形したものである。ハサミムシのハサミは、この尾角がさらに変形したものといえる。

ハサミムシに一番近縁な直翅系昆虫は、水生昆虫のカワゲラと考えられている。屋久島の山中で、夜間、沢沿いの花崗岩の表面などを見て歩くと、ムカシハサミムシと呼ばれるハサミムシを見つけることができる(**図105**)。このムカシハサミムシの「かたち」は、確かに、カワゲラの幼虫の「かたち」と共通性があるように思える。なお、ムカシハサミムシの幼虫のハサミは、ハサミというよりは尾角状で、余計にカワゲラを思わせる「かたち」をしている。

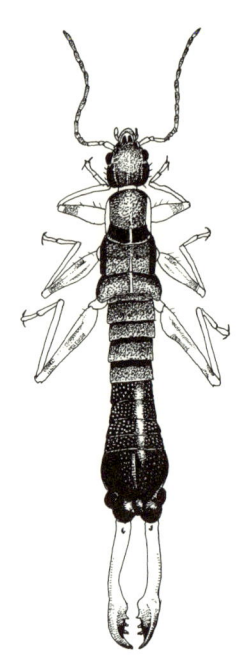

図105 ムカシハサミムシ (22mm)

世界に目を広げると、さらにおもしろい「かたち」と「くらし」をしているハサミムシがいる。東南アジアで見られるヤドリハサミムシである。この昆虫はコウモリの体表や、コウモリのコロニーの下に堆積するグアノ上で暮らす、特異なハサミムシだ。その尾端には、いわゆるハサミのように硬化しておらず、ゴキブリの尾角に近い形状をした突起が伸びている(**図106**)。

昆虫スケッチを手がけるというのは、昆虫の「かたち」を読み取り、写し取るという作業である。その昆虫の「かたち」がつくられてきた要因として、「れきし」は欠かせない。同様に、「くらし」も深く「かたち」に関わっている。ときとしては、その「かたち」が「れきし」に要因するのか「くらし」に要因する

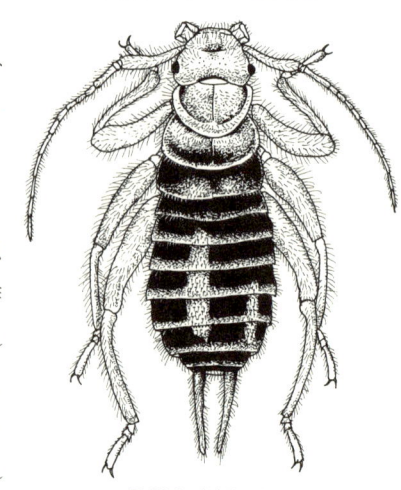

図106 ヤドリハサミムシ
ボルネオ産(13mm)

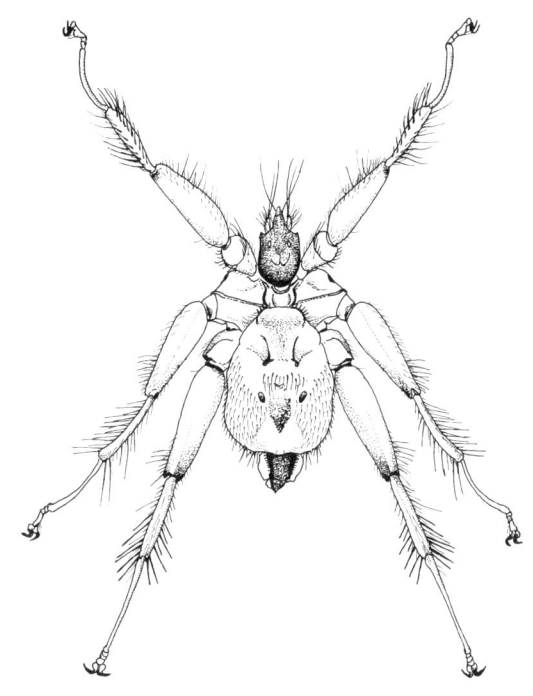

図107 クモバエ(3.5mm)

のか、容易に判断がつかないこともある。

昆虫は無翅のものから、翅を生み出し……と進化してきた。しかし、翅を生み出した昆虫が、二次的に翅を退化させることがしばしば起こる。ゴキブリの中にも無翅の仲間がいることは、ここまで紹介してきたとおりだ。ハサミムシにも、無翅のものと、有翅のものの両者がいる。

「れきし」によって獲得した翅が無翅化される、「くらし」に関わる要因はいくつもある。その中の一つが、寄生生活である。

寄生生活が、どのくらい「かたち」に影響を与えるかという例として、極端な「かたち」にまで変化した昆虫について取り上げることにする。集団生活をするコウモリの体表寄生者としては、カメムシの仲間のコウモリトコジラミのほか、コウモリバエ、クモバエといった、ハエの仲間から進化してきた昆虫が知られている。このうちクモバエは、寄生生活にあわせて、宿主にしがみつくための脚が発達している。このような「かたち」の変化は、ほかの寄生性のハエである、シラミバエでも見られる。ところがクモバエは脚が発達するだけでなく、完全に無翅化し、さらに寄生生活への特殊化から、これがハエの仲間とは容易に思えないほど、「かたち」に変化が起こっている（**図**

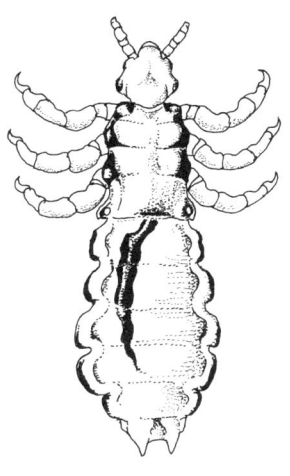

図108 アタマジラミ(2.5mm)

4 昆虫スケッチの画法——129

107）。

　ハエという「れきし」を覆い隠すほどの寄生生活という「くらし」の影響力。昆虫の「かたち」からは、そうした「れきし」と「くらし」の綱引きのような力関係が見えてくる。

　人体にも寄生するために有名な寄生昆虫にシラミ（**図108**）とノミがいる。どちらも無翅の昆虫であるが、もともとは翅のある昆虫が寄生生活にあわせて無翅化したものである。そして、無翅化する以前の祖先が、どんな昆虫に近いかは、両者でまるで異なっている。

　翅の発達をもとに昆虫の進化段階を見ていくと、次のようにまとめられる。

１段階・無翅の昆虫　　　　　　　　　　トビムシやシミなど
２段階・翅を体の後ろに折りたためない　　トンボなど
３段階・翅を体の後ろに折りたためる　　　バッタ・ゴキブリ・セミなど
４段階・完全変態を送る　　　　　　　　　甲虫・チョウなど

　シラミはこのうち、第３段階の昆虫に含まれ、ノミは第４段階の昆虫に含まれる（シラミには蛹がなく、ノミには蛹がある）。

　一般にはあまり知名度が高くない仲間であるが、シラミはチャタテムシ、ノミはシリアゲムシに近い昆虫であることがわかっている。チャタテムシやシリアゲムシと聞いて、すぐに頭の中にその昆虫のイメージが浮かぶとしたら、ある程度、昆虫についての知識を持っている方であるだろう。梅雨時期などに、畳や乾燥食品に粉のような小さな昆虫がわくときがある（昆虫標本の大敵でもある）。これが、翅のない小型のチャタテムシの仲間である……といえば、思いあたる方もいようか。この食品害虫となる小型のチャタテムシはだいたいがコナチャタテの仲間であり、体長は１mm内外でしかない。ただし屋外性の種類ではもっと体の大きくなるものや、翅を持つものもいる（**図109**）。

図109　チャタテムシの一種（5mm）

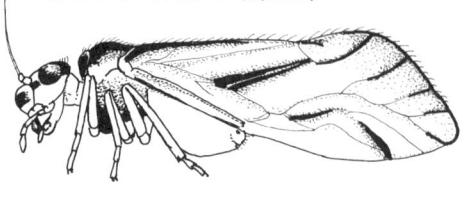

　チャタテムシ目の昆虫は、チャタテ亜目、コチャタテ亜目、コナ

チャタテ亜目に分けられている。チャタテムシの名の由来は、チャタテムシの仲間（コチャタテ。文献によってはスカシチャタテ）が、障子にとまって発音をすると、その音が障子に共鳴して人の耳に聞こえるような音になり、それが茶筅でお茶をたてるときの音に似ているということからきている（この音が、妖怪小豆あらいのもととなったという説もある）。地味な昆虫ではあるものの、屋内生活を送る種類があるため、少なからず、人との関わりがあるのだ。

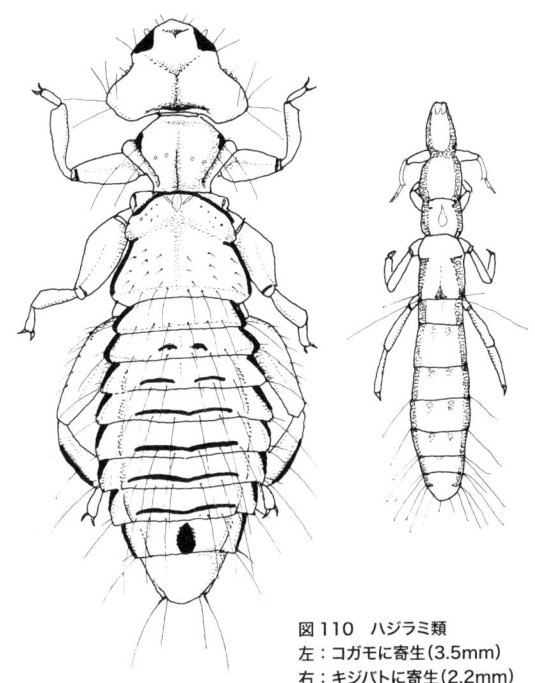

図110　ハジラミ類
左：コガモに寄生（3.5mm）
右：キジバトに寄生（2.2mm）

　シリアゲムシのほうは、チャタテムシに比べても、ずっと知名度が低い昆虫であるだろう。英名でスコーピオン・フライと呼ばれるように、オスの尾端には、サソリの尻尾のようなふくらみがあり、そこにハサミ状の器官がある。ただ、知名度は低いものの、それほどめずらしい昆虫ではなく、初夏の雑木林周辺では普通種といえる。このシリアゲムシの仲間に、ユキシリアゲと呼ばれる無翅のものがいて、このユキシリアゲがノミの祖先と大変、近縁であるとされている。

　さらに、マイナーな昆虫の話になってしまうが、チャタテムシよりもシリアゲムシよりももっと知名度が低く、容易に見る機会も少ない昆虫として、ハジラミがいる。ハジラミはおもに鳥の体表に寄生している昆虫である。僕は骨格についても調べているため、事故死したばかりの鳥の死体を拾い上げる機会が、ままある。こうした鳥の体表を見ると、羽毛の間を小さな昆虫が

走り回るのを見ることがある。これが、ハジラミである（**図110**）。こうした鳥の死体をそのまましばらく冷凍し、取り出したあと、鳥の体表をハラハラとなでてやると、下に敷いた紙にハジラミが落ち、採集ができるという塩梅となる。ハジラミは小さな昆虫であるが、よく見ると、鳥によってついている種類が違っていることが興味深い。これも昆虫に見る「いろいろ」の一例だ。

このハジラミはシラミとはいうものの、以前の昆虫の教科書では、シラミ目とは別にハジラミ目として別箇のグループとして分類されてきた。両者の一番の違いは、シラミはよく知られているように、血液がエサであり、そのため「吸う」口を持っているのに対し、ハジラミのエサは鳥や哺乳類の体表の垢や毛といったものであり、「かむ」口を持っているということである。しかし、近年のDNA解析により、チャタテムシ、シラミ、ハジラミの関係が、従来考えられていたものとは異なっていたことが、少しずつはっきりしてきた。

チャタテムシは自由生活を送る昆虫である。もともとは、チャタテムシの仲間のうち、鳥の巣などで暮らすようになった一群に、体表で寄生生活を送るようになったものが現れたというのが、推定される大まかな「れきし」の流れである。

ハジラミの仲間には、マルツノハジラミ、ホソツノハジラミ、チョウフンハジラミ（ゾウなどの寄生者で、おもしろいことにゾウの長い鼻のような口を持つ）の三つのグループがあり、従来はこの3グループでハジラミ目を形成していた。ところが、DNAの解析による、あらたな「れきし」の復元によれば、シラミと一番近い仲間がチョウフンハジラミであり、この（シラミ＋チョウフンハジラミ）グループに一番近い仲間が、ホソツノハジラミであった。つまり、シラミ、チョウフンハジラミ、ホソツノハジラミをひっくるめた仲間が、あらたにシラミ類としてひとまとめにされる昆虫たちということが明らかになったのである。それに対して、マルツノハジラミはこれらのグループとは縁が遠く、シラミ類の祖先とは別箇に、異なるチャタテムシの仲間から寄生者に進化したもの……と考えられるようになった。

ハジラミとしてひとまとめにされていたグループは、正確に「れきし」を反映していたわけではなく、「くらし」が同じであったために、似たような「か

たち」を持った昆虫をひとまとめにしてしまっていたというわけである。一方、シラミとしてハジラミとは別箇のグループに分類されていた昆虫は、ハジラミの中で吸血に特殊化したあと、多様化したものということがわかったということである。

　少し細かな話になってしまったが、寄生性の昆虫に、「かたち」「れきし」「くらし」「いろいろ」を見てみた。

　この章の最後に、あるエピソードを紹介したい。
　「れきし」を見ると、ハジラミはシラミと無縁ではなく（それどころか、ひどく近縁で）、そのシラミは、人間とはこれまた縁が深かったはずが、現代の「くらし」において、無縁化しつつある昆虫である。人間に寄生するシラミのスケッチをしようと思っても、そのモデルの確保に苦労するだろう。しかし、関係性というのは、どこに転がっているかわからないものである。ある日、大学の教え子が研究室にやってきた。小学校の非常勤として家庭科を教えている教え子が、「衣服」の単元について教えていて、あまりおもしろい授業内容が思いつかないと漏らした……のである。

　そのとき、たまたま読んでいたシラミについての研究論文の内容が、頭をよぎった。

　人間に寄生するシラミのDNAの研究から、衣服の起源を推定するという試みがなされたという内容である。人間にはアタマジラミとコロモジラミというシラミがつくが、コロモジラミは衣服をつけるようになってから、アタマジラミから分化したものと考えられている。すなわち、両者のDNAの変異を調べれば、両者が分化した時代の推定ができるという話である（それによれば、人間の衣服の起源は7万年前ごろではないかと推定されている）。服の起源は「れきし」の中に埋もれてしまっている。その埋もれた「くらし」が、シラミからうかがい知れる……。

　たとえば、家庭科の衣服の授業でそんな話をしてもいいのではないか。僕は教え子にそんな話をしたのである。人間も生き物である。それゆえ、人間の「れきし」も、ほかの生き物との相互関係を免れえない。僕が昆虫のスケッチをするのは、その事実をかみしめるためでもあるかもしれない。

5 スケッチの応用

5−1 白黒画の利点

　自分が最初に描いた昆虫スケッチは、何だったろうか。

　自然観察の記録は、中学3年生のころからつけ始めたフィールドノートにさかのぼるが、フィールドノートに描かれたものは生態スケッチであり、初期のころのそれは、スケッチというより、暗号に近いほど、簡略化されたメモ程度のスケッチであった。それとは別に、採集した昆虫をモデルとしてスケッチをするようになったのはやはり中学生のころ、採集したハチのスケッチをもとに、自作のミニ・ハチ図鑑をつくったのが手始めであったかもしれない。ただし、継続的、かつ意識的に昆虫スケッチを描き始めたのは、大学卒業後、教員になってからのことになる。

　教員になってから、昆虫スケッチを継続的・意識的に描き始めたのは、先に紹介したように、『飯能博物誌』と題した理科通信を書いて生徒たちに配布することにしたためだ。こうして人目にスケッチをさらすことが、スケッチの技術の向上にとても役立ったと思う。今から見返すと、恥ずかしいような完成度のスケッチが描かれているが、それでも当時は気にせずに公表していた。また、スケッチを理科通信にまとめ、公表することで得られる、生徒たちの反応も勉強になった。生徒たちが、どのような昆虫や、どのような話題であればおもしろがるかが、わかるようになったのだ。

　最初から、理科通信を継続していくというような決心はなかった。それでも、いつのまにか、1号、また1号と理科通信の発行は続いていった。このような発行物のよさは、発行すれば、その成果は着実に「もの」として積み上がるということである。

　この理科通信が100号たまったときに、当時、学校の図書館司書をしていた知人の勧めもあって、自費出版をすることにした。理科通信はその後も

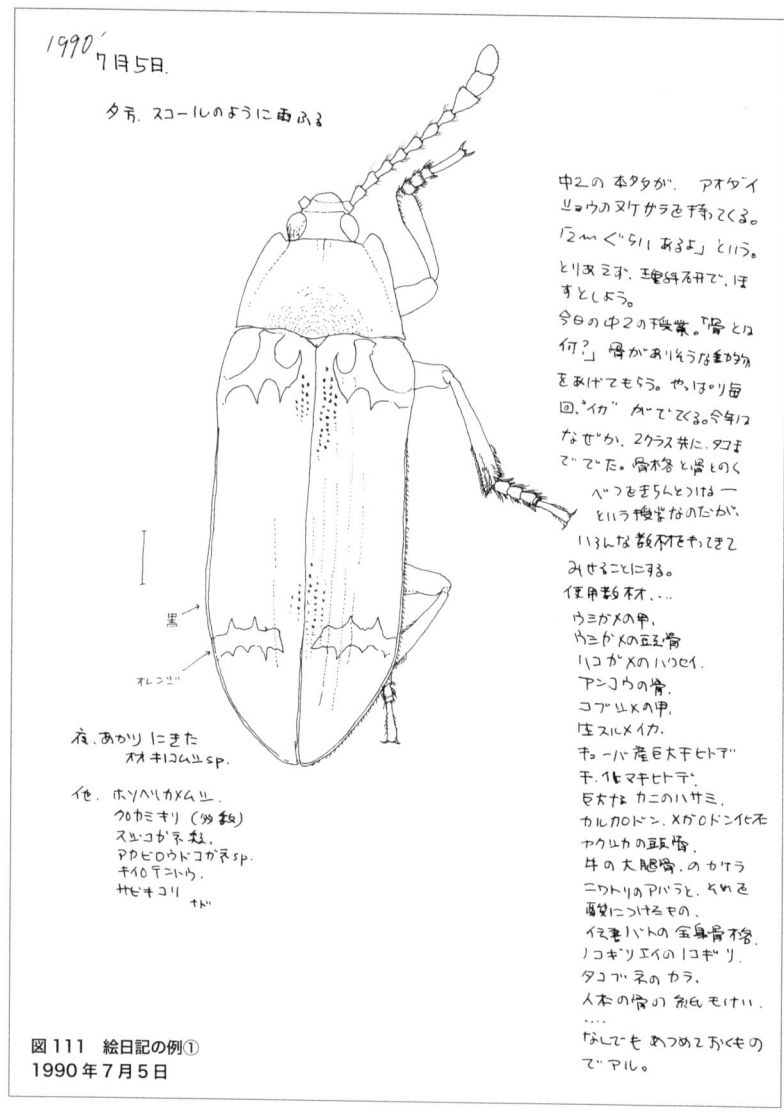

図111　絵日記の例①
1990年7月5日

発行が続き、合本の冊数も、1冊、また1冊と増えていった。この理科通信の合本は、僕にとっての名刺代わりの役割を果たすこととなった。そんな名刺代わりに手渡した合本が、思わぬきっかけへとつないでくれることになる。アウトドア雑誌に自然観察の記事の連載を書く仕事をもらうことになったのだ。

月刊誌での連載はこれまた非常に勉強になった。なぜなら、月刊誌は、8月号なら6月までというように、2カ月前には入稿を終えておく必要がある。つまり、季節変化と関わりの深い自然観察の記事なら、1年前に取材を終えておかなければ、2カ月前の入稿に、季節にあった原稿が間に合わないという事態をつきつけられることになったからだ。

　ヒマがあれば、野外で昆虫だのなんだのを見つけては、理科通信に描いて生徒に配っていたのだが、それだけでは「足りない」と僕は判断した。そこで僕は絵日記をつけることにした（1990年の絵日記の例を紹介しておく；**図111**）。日々、出会う昆虫（植物や動物である場合もあったのだが）を、

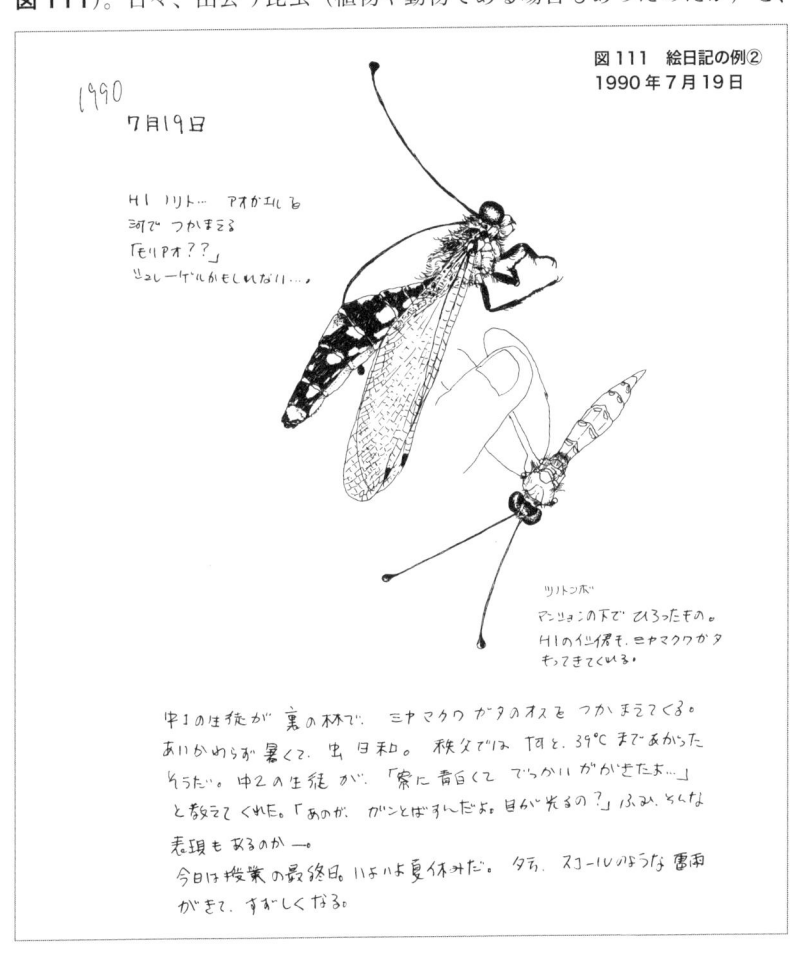

図111　絵日記の例②
1990年7月19日

5　スケッチの応用──137

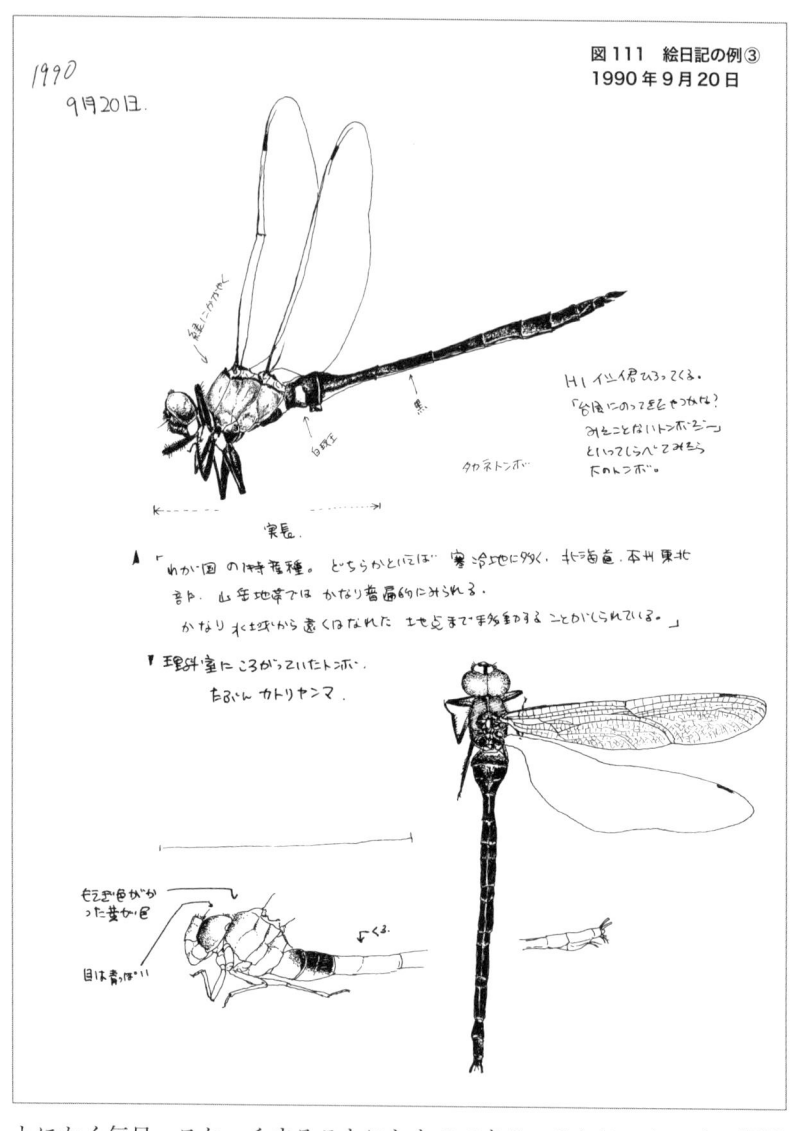

図111　絵日記の例③
1990年9月20日

とにかく毎日、スケッチすることにしたのである。それはスケッチの訓練にもなったし、自然観察のネタを集積しておくための方法でもあった。ときどき中断をはさみながらも、この日記は10年ほど続いた。こうした努力の甲斐あって、結局、雑誌の連載も10年ほど続けることができたのだった（『Be-Pal』「カマゲッチョ先生のフィールドノート」）。さらに、こんな取り

組みで、いつの間にかたまった生徒とのやりとりの記録や、自然の記録をもとに、僕は何冊かの本を書くようにまでなる。

　こうした自己の体験から一般化できることは、昆虫スケッチを描いたら、できるだけ人目にさらすといいということである。そのことが、どのようなことに発展するかは、未知であるからだ。幸い、白黒画は複製が容易である。本書で白黒画を基本としてスケッチの技法を紹介しているのは、この白黒画の利点にもよっている。ぜひ、自作の昆虫スケッチを描けたら、コピーをするなり、印刷をするなりして、配布することをお勧めする。

5-2 生態画

　野外で生きた昆虫のスケッチをすることを生態スケッチと表現してきた。それとはまた別の、「生態画」についても、ひとことふれておくことにする。

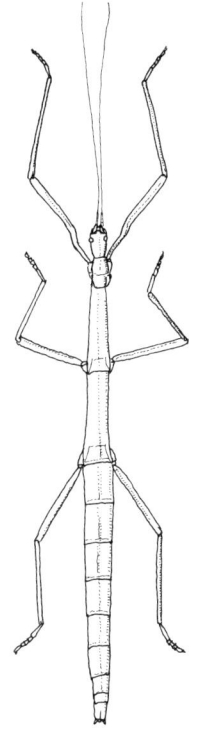

図112
メスツヤエダナナフシ
(108mm)

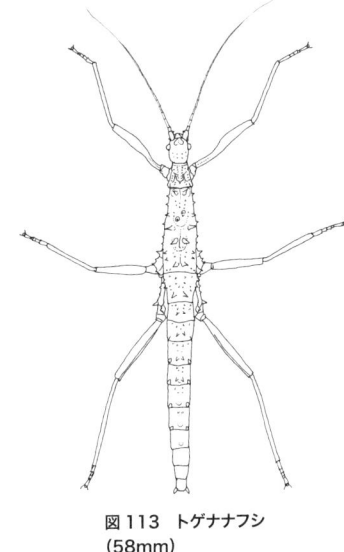

図113　トゲナナフシ
(58mm)

　本書の中ではこれまで紹介してこなかった昆虫に、ナナフシの仲間がいる。僕はこのナナフシの仲間が大変に好きである。日本に分布しているナナフシは、種が違っても、それほど驚くべき形の違いは見られない。一般的には枝状の姿をしたもの（**図112**）であるが、中には、全身に刺の生えたもの（**図113**）や、翅の生えたもの（**図114**）もいる。コブナナフシはそうした中で、個性的なナナフシといえるかもしれない。コブナナフシの体は太短いが、かえって、脚を伸ばして地上に転がり落ち、擬死状態となると、小枝と紛らわしい（**図115**）。これらのナナフシのスケッチは、いうまでもなく、標本スケッチである。

5　スケッチの応用——139

日本産のナナフシの中で、もっとも奇異な種が、ツダナナフシであるだろう。宮古・八重山から見つかっているこのナナフシは、ほかのナナフシよりも、ずっと重量感のある「かたち」をしている。ツダナナフシがエサとするのは、海岸に多いトゲだらけのアダンと呼ばれる植物である。昼間はこのアダンの葉の隙間に隠れ、夜間になるとその隙間から出てきて歩き回り、アダンの葉を摂食する。

ツダナナフシはその「かたち」もインパクトがあるのだが、ほかにもいくつかの特徴がある。

まず、単為生殖のナナフシであり、メスしかいない。

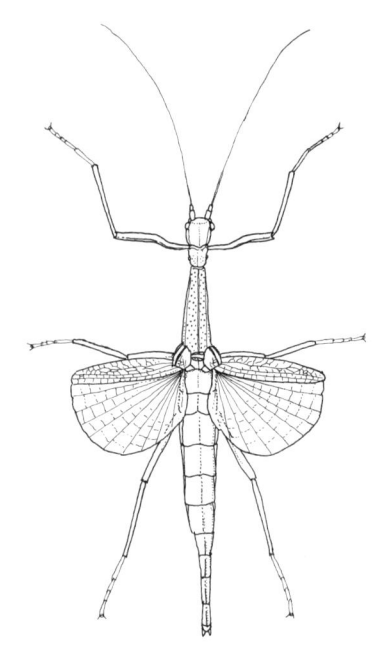

図114　ニホントビナナフシ（45mm）

また、産み出された卵は巨大で、その卵は海に浮いて、漂流することが可能である。海岸植物のアダンもまた、その果実が海流散布をおこなうので、アダンのあとを追って、分布を広げているかのような昆虫である。

トゲだらけのアダンの葉の隙間にひそむくせに、この昆虫は用心深く、手を近づけると、肩のあたりから、ミントのニオイがする乳液のようなものを噴射する。

西表島のアダンで、初めてこの昆虫に出会い、実際に乳液を噴射されたときは、フンコロガシの糞玉運びを見たときと同様、ひどく興奮したものである。

このツダナナフシを野外でスケッチをした生態スケッチがある（図116）。この生態スケッチと、標本をあわせて、環境も含めて再現をして描いたもの

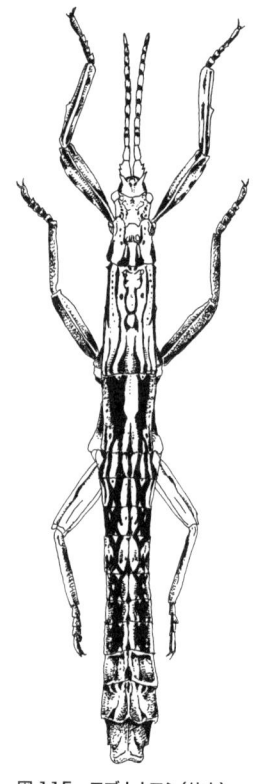

図115　コブナナフシ(幼虫)（25mm）

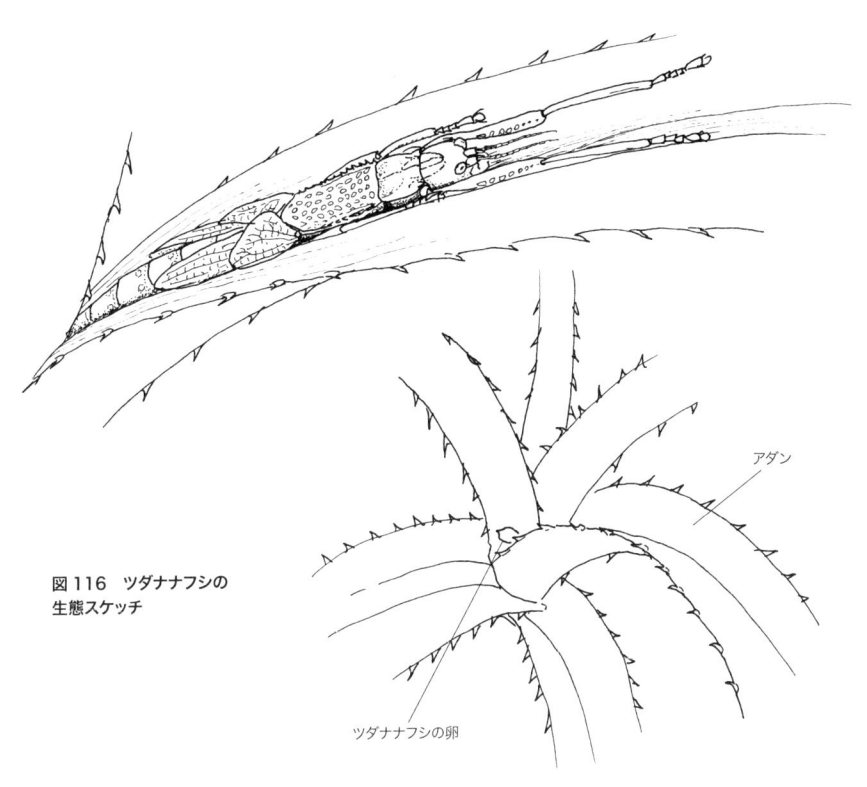

図116 ツダナナフシの
生態スケッチ

アダン

ツダナナフシの卵

が、図示した生態画である（**図117**）。この絵ではツダナナフシ1種しか描かれていないが、複数の昆虫を配置した生態画も描きうる。このような絵を描く場合は、生態画に登場する昆虫について、さまざまなポーズを下書きとして描いておき、それをもとに本画を作画するという運びになる。

5-3 彩色画

　白黒画は複製が容易である。しかし、昆虫の中には色彩が美しいものも多い。そうした昆虫を見ると、彩色画も手がけたくなってくる。
　彩色画も、基本はここまで紹介した白黒画の技法と共通している。

❶ 用紙を用意する。このとき、白黒画とは用紙を別にする必要がある。白黒画の場合は、ペン先が引っかからないような、つるっとした表面を持つ

図117　ツダナナフシの生態画

用紙が適当であった。しかし、水彩画の場合、白黒画のスケッチに適していたケント紙などは、吸水性が悪く、絵の具を塗ったときに、ムラが生じてしまう。かといって、一般の水彩用の画用紙を利用すると、仕上げにロットリングで輪郭線を入れようとすると、ロットリングのペン先が引っかかってしまう。そこで、僕の場合は、水彩用のスケッチブック（あまり高級すぎないもの）を購入し、その裏面に、スケッチをすることにしている。水彩用の画用紙は、裏面のほうが、表面よりも滑らかで、ペンのノリがいいからである。

❷ 下書きを描く。用紙に、定規で１本線を引くのは白黒画と同様である。ただし、彩色画の場合は、この下書きをかなりきちんと描く必要がある。また、絵の具を塗ってしまうと、鉛筆の線は消えにくくなるため、不要な鉛筆の線は消しておく必要がある。最初に引いた１本線も消すことを忘れないようにする。白黒画において、ペン入れをした輪郭スケッチを鉛筆で仕上げるようなつもりで、下書きを描く。

❸ 下書きの輪郭に沿って、水彩画で色をつける。僕が使用しているのは、ホルベインの24色の水彩絵の具である（24色で不足している色のみ、個別に買い足している）。これを全色、パレットの中の各仕切りに一ひねりずつ、出しておく（そのうち、自然乾燥する）。このパレットを、以後、一切水洗いせずに、使用し続ける。

原色のままの絵の具をひねり出した仕切りは、できるだけ色を混ぜずに使うが、逆に、色を混ぜて使うところを決めておいて、そこで生み出した色を継続的に使えるように、あえてパレットは水洗いしないのである。

ちなみに、パレット内の近場にひねり出しておき、頻繁に混ぜて色をつくりだす組み合わせがある。たとえば「セピア＋紫」で、甲虫やゴキブリの褐色を再現する際には、この組み合わせでつくりだした色を重宝する。昆虫自体ではなく、昆虫の背景となる植物を塗る際に必需なのが、「緑＋白」と「緑＋黒」を組み合わせたコーナーである。

❹ 色を塗り終わって、十分に乾いてから、ベタ塗りをし、輪郭や細部はロッ

トリングで描き込む。このとき、白黒画と同様、「ウソは、はっきりとつく」。つまり、黒い部分は、十分に黒くする。金属光沢を持った甲虫の場合など、暗部は、点刻の部分以外は、黒く見える（もしくはそのように描くと、シャープなスケッチに見える）。この場合は、翅全体に色をつけてから、点刻部だけを残してベタを塗る（細部を塗るのはロットリングを使用する）と、点刻部だけに色がついたスケッチが描き出される。

　また、金属光沢を持った甲虫の場合、ハイライト部分の彩色に特に気を使う。白黒画でいえば、ハイライト部分は、「真っ白なところ」「点描で描かれたところ」「ベタを塗られたところ」と大まかに三分割できる。彩色画においては、「真っ白なところ」はそのままである。「ベタを塗られたところ」も、そのままである。が、「点描で描かれたところ」に、複雑な色の変化をつける必要がある。たとえば緑色に光る甲虫の場合、ハイライト周辺を、緑から黄緑へ、さらには黄色へ、そしてハイライトの白へと色彩の変化をつけると、「輝き」が表現できるようになる（さらに彩色画に興味のある方は、彩色画の実例として、谷本雄治作・盛口満画『森を育てる生きものたち』岩崎書店などを参照していただきたい）。

　オオセンチコガネといった糞虫では、全体が赤紫の金属光沢であるはずなのに、一部、緑に光っているように見えるものもいる。そうした色彩をどのように二次元に再現できるかが、彩色画の醍醐味ともいえる。

　裏ワザのようなものであるが、白黒画の輪郭スケッチを、彩色画に応用することも可能である。白黒画の輪郭スケッチを、一度、コピーして彩色画の下絵とするという方法である（原画はそのまま白黒画として描き進むことができる）。コピー用紙に彩色をしていくわけであるが、一つだけ注意点をあげるとすると、コピー用紙は吸水するとしわがよるので、コピー用紙は台座にセロテープなどで貼り付け、しわがよりにくくするといい。また、紙が薄く、吸水すると、下に敷いてある下敷きや台座の色が透けて見え、色づけの具合がわからなくなるので、コピー用紙の下に、１枚、白い紙を敷いておくといい。この方法のいい点は、１枚の輪郭スケッチから、何枚もの彩色画が描けるということである。たとえば、テントウムシの仲間には、ナミテント

ウなど色彩変異があるものがいる。こうした昆虫の色彩変異のバリエーションを描き表すときなど、体の輪郭のみを描いたスケッチを何枚もコピーし、彩色していくと、手間がかからず、また並べて見たときに、同型でありつつ色彩の異なったスケッチが並ぶことになり、見た目も美しいものとなる。

　また、1種だけの標本画ではなく、複数の昆虫が環境の中に配置されている生態画の彩色画というのもあるが、そこまで手がけようとする方は、まず、そのような手本となる生態画をあれこれ見ることから始めるといいのではないかと思う。ここでは、彩色生態画についてふれるのは、その程度にしておきたい。

6 昆虫の多様性を見るとは──まとめにかえて

　この30年近く、さまざまな昆虫を描き続けてきた。それでもなお、まだ描いていない昆虫たちの、なんと多いことか。一生かかっても、昆虫の世界のごく一部のものたちのスケッチをすることしかできないだろう。それはまた、なんと幸せなことだろうかと、また、思う。

　最近、感銘を受けた文章を紹介して、終わりとしたい。
東京造形大学・諏訪敦彦学長による2013年度入学式の式辞の一節である（東京造形大学ホームページ http:// ww.zokei.ac.jp/news/2012/117-1.html より）。
　「私たちはみなこの地上で、限られた関係の中で生きており、全てを見渡すことなどできないところで生きています。（中略）私たちは、経験することのできないその広大な世界に思いを巡らし、想像することしかできませんが、その想像力こそが世界なのではないでしょうか」

　少年時代、生き物の「いろいろ」に興味を持った僕は、世界中の生き物すべてをスケッチしたいと願った。ずいぶんと前のことになるが、マンモスの復元画を描く仕事が舞い込んできたことがある。古代生物の復元画など、初めてのことである。四苦八苦しながら描き上げた絵に、古生物学者からコメントが返された。
　「このマンモスは腐っている」
　骨格の構造からして、なっていない……ということであった。かくして、この復元画はボツとなった。
　今になってもなお、僕の描いた生き物の絵に関して、このような辛辣なコメントが返されることがある。そうしたコメントを謙虚に受け止めなければならないと思う。なにせ、僕には絵の才能がないのだから。

昆虫スケッチを描き始めたとき、そのスケッチが「うまい」かどうかは、自分ではわからなかった（今、見返すと、はっきりいって、ヘタである）。うまくなりたいと思っていたわけでもないと思う。それよりも、ただ、ひたすら描きたかった。
　僕が教員となり、意識的に昆虫スケッチを描き始めてから、30年近くがたつ。昔の自分の描いたスケッチに比べれば、ずいぶんとましなスケッチが描けるようになってきた。それでも、それは、目的ではなく、結果である。今もなお、一番にあるのは、「描きたい」という思いだ。
　そうした思いの出所をさぐってみる。
　それは、少年時代のある日、生き物に対して、「なんて、いろいろな生き物がいるんだろう」と気づいたときに由来している。
　その気づきを、応援してくれたのが、亡き父だった。
　父は、高校の化学の教員であった。しかし、若き日は、化学よりも植物に興味の中心があり、将来は熱帯に植物採集の探検にいくというのが夢であったと本人に聞いた。その父の夢は戦争で露と消えた。そのかわりに父は高校生を相手として、「物の学問」としての化学を教育することに一生をささげた（父の教育観に興味を持った方は、盛口襄『実験大好き！　化学はおもしろい』岩波ジュニア新書を参照されたい）。
　そんな父が、生き物に夢中になっていた少年時代の僕にいった言葉が、今も忘れられない。
　「生き物はいいぞ。生き物は、いろいろいるから、一生追いかけていても、飽きることはないよ」
　父は、そう僕に語ったのである。
　そのひとことは、僕の多様性に対する興味を、保障してくれる、大きなひとことであった。そして、今もなお、父のその言葉は、僕の傍らにある。

　『地球全生物図鑑』の作成。
　思い返せばそれが、少年時代の僕の夢であった。
　それは、「世界を見たい」という思いでもあった。
　しかし、ほどなくして、その夢が無理であることを思い知った。田舎町の

図書館にそろえられた図鑑でさえ、すべてを模写するには膨大な種類の生き物の姿が描かれていたからだ。それでも、僕のその思いは、ずっと、心の内でくすぶり続けているようであった。そうした思いが、諏訪さんの文章で、すとんと胸の内に落ちた。

　世界を見果てることなどできない。しかし、世界を見果てたいという思いこそが、「世界」なのだ。

　本書が、みなさんにとって、昆虫の世界の多様性にあらためて気づき、僕たちのいる「世界」に思いをはせるような一助になれば幸いである。

おわりに

　東京大学出版会で編集を務める光明義文さんとは、前著『生き物の描き方』からのコンビである。幸い、前著は僕も光明さんも当初は思ってもいなかったほどの好評をいただくことができた。
　「今度は『昆虫の描き方』という本を書いてみませんか？」
　前著を発表してからしばらくして、光明さんからそんな連絡を受けたときは、ぜひ書いてみたいという思いがわきあがるとともに、はたしてそんな本が書けるのだろうかとひどく不安にもなった。というのは、本文の中にもあるように、僕は昆虫についても絵についても一度も本格的に学んだことがないからだ。しかし、結局は不安よりも「書いてみたい」という思いが勝ってしまった。
　その僕の思いを実現するにあたって、何人かの方々に支援をいただいた。特に日本直翅類学会会員で沖縄在住の杉本雅志君には、昆虫全般についてのレクチャーをしてもらったばかりか、本書執筆にあたってのブレーン・ストーミングの相手にもなってもらい、また、スケッチの資料となる昆虫の採集にも同行してもらった。少年時代から昆虫に目覚めた杉本君は、その昆虫熱が高じて沖縄に移住、現在も昆虫類の調査を稼業としているという、根っからの「虫屋」である。それこそ、飛んでいるチョウも瞬時に種類がわかり、車で走りながら、周囲で鳴いている直翅類も種類がわかるというほどの猛者だ。僕は大学で昆虫についての授業をしているわけだけれど、杉本君にもそのときのフィールドワークに参加をしてもらっている。昆虫たちが苦手な学生たちも、頭上を飛ぶ昆虫に、飛び上がりながら風を切って網を振るという杉本君の存在には目をみはる。杉本君を介して、間接的にでも昆虫に興味を持ってもらいたいというのが、僕の狙いだ。
　前著同様、本書はデザイナーの遠藤勁さんとの共同作品でもある。ついつい、本文もイラストも自由に書きまくってしまったのだが、それが一つのま

とまりとして形をなしているとしたら、まさに遠藤さんの力のたまもの……であろう。

　また、本書の中にはキゴキブリのイラストが登場するが、日本には産しないこのゴキブリのスケッチを描くにあたって、キゴキブリをはじめとする社会性ゴキブリ類の研究者である富山大学の前川清人さんから貴重な資料を提供していただくことができた。実は当初は、このゴキブリのスケッチをすることはあきらめていたのである。が、本書の原稿の査読をしていただいた、東京大学名誉教授である田付貞洋先生が、「ぜひキゴキブリを見てみたい」といわれたことに勇を発し、前川さんに連絡を取ったところ、資料を提供していただくことができたというわけである。田付先生からは、このひとことだけでなく、多くのアドバイスや、何よりこんな専門外の本を書いていることへの望外な励ましまでいただくことができた（むろん、本書に誤りがあれば、これら協力をしていただいた方々のアドバイスを誤読していた僕の責任であることはいうまでもない）。みなさんのお名前を記して感謝したい。

参考文献

朝比奈正二郎　1991　『日本産ゴキブリ類』　中山書店
石川良輔　1996　『昆虫の誕生　一千万種の進化と分化』　中公新書
石川良輔編　2008　『節足動物の多様性と系統』　裳華房
岩田久仁雄　1983　『新・昆虫記』　朝日新聞社
梅谷献二　1986　『虫の民族誌』　築地書館
大野正彦　2006　「シラミ類の分類体系の変遷と最近の動向」『家屋害虫』27（2）：51-60
大場信義　2003　『ホタルの木』　どうぶつ社
近雅博　2006　「タマオシコガネの自然史」　丸山宗利編　『森と水辺の甲虫誌』　東海大学出版会　pp.185-199
田中和夫　2003　「屋内害虫の同定法（5）嚙虫（チャタテムシ）目」『家屋害虫』25（2）：123-126
日本産アリ類データベースグループ　2003　『学研の大図鑑　日本産アリ類全種図鑑』　学習研究社
日本直翅類学会編　2006　『バッタ・コオロギ・キリギリス大図鑑』　北海道大学出版会
林長閑　1986　『甲虫の生活』　築地書館
ファーブル, J.H.　山田吉彦ほか訳　1993　『完訳　ファーブル昆虫記 5』　岩波文庫
ベール, J.G.　竹脇潔訳　1973　『動物の寄生虫』　平凡社
前川清人　2005　「キゴキブリと共生するバクテリア」『昆虫と自然』40（8）：15-18
松香光男ほか　1984　『昆虫の生物学　第二版』　玉川大学出版部
丸山宗利　2006　「甲虫学入門」　丸山宗利編　『森と水辺の甲虫誌』　東海大学出版会　pp.1-25
盛口満　1998　『ぼくらの昆虫記』　講談社現代新書
盛口満　2005　『わっ、ゴキブリだ！』　どうぶつ社
盛口満　2011　「教室から見る"シマ"と"いま"」　安渓遊地ほか編　『奄

美沖縄環境史資料集成』　南方新社　pp.789-813
盛口満　2012　『ゲッチョ先生のイモムシ探検記』　木魂社

Bradley,T.J. *et al.* 2009 Episodes in insect evolution. Integrative and Comparative Biology　49(5)：590-606
Inward,D. *et al.* 2007 Death of an order: a comprehensive molecular phylogenetic study confirms that termites are eusocial cockroaches. Biology Letters 3：331-335
Wilson,E.O. 2005 The rise of the ants: a phylogenetic and ecological explanation. PNAS 102(21)：7411-7414
Zrazavy, J. 2008 Four chapters about the monophyly of insect "orders": a review of recent phylogenetic contributions. Acta Entomologica Musei Nationalis Pragae 48(2)：217-232

独立行政法人理化学研究所神戸研究所発生・再生科学総合研究センター「2つの起源が出会い、翅が生まれた」　理研ＣＤＢ科学ニュース2010年3月23日
http://www.cdb.riken.jp/jp/04_news/articles/10/100323_pairparths.html

索引

ア　行

アオスジアゲハ　95,97
アオバセセリ　102
アオムシ　100
アカアリ　75,117
アカギカメムシ　106
アギトアリ　118,123
アケビコノハ　101
アシナガキアリ　123,124
アシブトヘリカメムシ　19
小豆あらい　131
アズマオオズアリ　118
頭　12,17,61,71,122,126
アタマジラミ　129,133
アブラゼミ　58
アマミコケヒシバッタ　116
アミメアリ　118
アリ　116
イエシロアリ　77
生きている化石　64,66
イシノミ　81
イチモンジフユナミシャク　100
衣服　133
イモムシ　100,102
イヤな昆虫　62
いろいろ　26-28,40,45,46,51,52,57,
　63,68,75,83,98,107,110,113,114,
　122,123,127,132,133,147
イワサキヒメハルゼミ　105
ウスイロシマゲンゴロウ　89
ウスバカマキリ　74
ウスモンオトシブミ　34
ウソのつき方の三法則　17,30
ウソをつく　18
ウマノオバチ　121
ウラゴマダラシジミ　58
ウルシゴキブリ　54
エゴツルクビオトシブミ　29,31-33,35

エサキクチキゴキブリ　69,78
絵日記　136-138
エンマコオロギ　58
エンマコガネ　39
オオウメマツアリ　126
オオカマキリ　19,73,74
オオゴキブリ　52,54,78
オオズアリ　123
オオスカシバ　98,101
オオセンチコガネ　144
オオハサミムシ　127
オオハリアリ　125
オオヒラタケシキスイ　90,91
オオフタホシマグソコガネ　40
オオムラサキ　46
オガサワラゴキブリ　52,54,68
オキナワオオカマキリ　74
オキナワオオミズスマシ　84,87,88
オキナワコケヒシバッタ　115
オキナワスジボタル　60
オキナワツユムシ　108
オキナワトゲヒシバッタ　115
オキナワヒラタヒシバッタ　114
オキナワルリボシカミキリ　26
オスアリ　124
オスバチ　120
オトシブミ　28
オナガササキリ　112
オナガシミ　66

カ　行

ガ　98
カイコ　58
海流散布　140
輝き　144
カースト　124
カタアリ　126
かたち　39,45,46,62,64,66-69,72,73,

76,78,80,88,89,98,100,103,108-117,122-125,127-129,132,133,140
カッコイイ昆虫　26
カブトゴミムシダマシ　90,93
カマキラズ　73
カマキリ　71,72
カマドウマ　107
カミキリ屋　26
カメムシ　105
カラスヤンマ　104
カワゲラ　128
キイロスズメ　101
キゴキブリ　77,78,152
キボシアシナガバチ　75
狭義の昆虫　80
キョウトゴキブリ　76
キライな虫　10,11,51,61
菌類　69
クサリタマオシコガネ　41
クソバッタ　114
クチキゴキブリ類　52
クヌギカメムシ　58
クマバチ　121
クモ　12,13
クモバエ　129
くらし　46,54,67,78,111,125,126,128-130,132,133
クロアリ　75,117
クロゴキブリ　53,76
クロコノマチョウ　102
クロヒメアリ　124
クロヤマアリ　117
脛節　114
ケブカシワアリ　117
ケムシ　100
ケラ　110,111
顕微鏡描画装置　14
コアシナガバチ　75
後脚　108,110,113,114
光沢　83,85,86,90
甲虫　26,83

コオロギ　110
コガタウミアメンボ　49
コガタスズメバチ　120,121
コカマキリ　58
ゴキタブリ　10,51
ゴキブリ　10,51,59,61,62,64,70,75,77,117,152
ゴキブリヤセバチ　122
コチャタテ　131
コナチャタテ　130
コバネコロギス　109
コピー用箋　22,83
コブナナフシ　58,139,140
コロモジラミ　133
コワモンゴキブリ　127
昆虫　11-13
昆虫酒場　25

サ　行

彩色画　141,144,145
彩色生態画　145
細密スケッチ　35,103,106
サツマゴキブリ　52-54,68
サツマツチゴキブリ　76
サトクダマキモドキ　113
三角室　104
産卵管　112,113,119,121
産卵数　55-57
色彩変異　145
自然との対話　15
下書き　103
実体顕微鏡　21,117
翅脈　96,99,103-105
写真スケッチ　16
収斂現象　78
省エネ　30
小盾板　107
女王アリ　124
女王バチ　120
植物スケッチ　15
触角　13,109,110

シラミ 130,133
シリアゲムシ 130,131
シロアリ 75-77,117
シロヘリハンミョウ 27
新種の記載論文 14
水彩用のスケッチブック 143
好きな虫 10,11
スケッチ向きの昆虫 107,116
スコーピオン・フライ 131
スジイリコカマキリ 72,74
スズキゴキブリ 68
スズメバチネジレバネ 57
スミナガシ 102
ズングリウマ 108
生痕スケッチ 16,39,41,102
製図ペン 22
生態画 16,139,141,145
生態系スケッチ 46
生態スケッチ 16,42,101,135,140
成長期間 55,56
精密スケッチ 45,89
セイヨウミツバチ 119,120
セダカシャチホコ 100
節足動物 12,122,127
セミ 105
セミヤドリガ 58
前胸 61,62,72,111,115,116
センチコガネ 39
側背板起源説 65

タ 行

ダイコクコガネ 37,38,40
タイワンキドクガ 102
タイワンクチキゴキブリ 54,68
タイワンクツワムシ 112
タイワンサソリモドキ 13
タトウ 20
タマオシコガネ亜科 36,37
多様性 16,51,148,149
単為生殖 140
地球全生物図鑑 148

チャタテムシ 130-132
チャバネゴキブリ 55,68,76,77
チョウ 94
チョウセンカマキリ 74
チョウフンハジラミ 132
チョウ屋 26
ツダナナフシ 140-142
ツノコガネ 40
ツノゼミ 116
デザインペン 22
デジカメ 14
テングチョウ 58
点刻 30,31,83,88,91,92,107,124,144
展翅標本 100
天敵 69
点描 86,87,89,92,97,99,144
冬虫夏草 69
トウヨウホソアシナガバチ 75
毒針 119-122,125
トゲオオハリアリ 124
トゲナナフシ 139
トビイロケアリ 118
トレーシングペーパー 88,94,99
ドロハマキチョッキリ 28
トンボ 64,103

ナ 行

七大主要グループ 63,71,80
ナナフシ 139
ナミテントウ 58
ニホントビナナフシ 140
ヌケガラ 102
ノミ 130
ノミバッタ 113,114

ハ 行

羽アリ 124
ハイライト 86,87,91,92,144
ハサミ 127
ハサミムシ 127
ハジラミ 131,132

ハシリハリアリ　123
働きアリ　124
働きバチ　119
ハチドリ　98
バッタ　71,107,112,113
翅　64-66,68,80,94,100
腹　12,17,61,71,122,126
ハラアカオバボタル　62
ハラビロカマキリ　73,74
ハリアリ　125,126
パレット　143
繁殖力　53,55
飯能博物誌　29,31,32,34,135
尾角　127,128
比較スケッチ　52,57
ヒシバッタ　114,115
ヒトクチタケ　90
ヒトクチタケ・セット　90,93
微突起　93
ヒナカマキリ　72,74
ヒメカマキリ　74
ヒメマルゴキブリ　68
ヒュウガゴキブリタケ　70
標本スケッチ　16,35,139
ヒラタキノコゴミムシダマシ　90,91
ヒラタタマオシコガネ　41
ファウストハマキチョッキリ　28
ファーブル昆虫記　31,41
フィールドノート　135
腹柄節　126
復元画　147
フクラスズメ　101
跗節　114
付属肢器官起源説　65
フタイロヒメアリ　117
フタスジハリカメムシ　106
フタフシアリ　126
フタモンアシナガバチ　75
筆ペン　86
ブラベルスゴキブリ　77
フンコロガサズ　37

フンコロガシ　35,37
糞玉　39,41,42
糞虫　37,40,42,45
分類表　79,80
兵隊アリ　76
ベタ塗り　85,86,97,103
ペニス　120
歩脚　13
ホシホウジャク　98
ホソウメマツオオアリ　123
ホソノハジラミ　132
ホタル　59,61,62
ホバリング　98
ホラアナゴキブリ　52,77
ホント　18,19

マ　行

マエグロマイマイ　102
マグソコガネ　39
マダラゴキブリ　52
マツムシ　109
マメダルマコガネ　42,43
マルカメムシ　107
マルツノハジラミ　132
ミナミハネナガヒシバッタ　114
ミノガ　100
ミノムシ　100
ミヤマカミキリ　26
ムカシゴキブリ　77
ムカシハサミムシ　128
虫　11-13
虫が好き　9
虫ギライ（虫がキライ）　4,9,59
虫屋　26,151
胸　12,17,61,71,122,126
ムモンホソアシナガバチ　75
メスツヤエダナナフシ　139
面相筆　86,88
模様スケッチ　35,86,89
モンクロキシタアツバ　102
モンシロチョウ　58,96

ヤ　行

ヤドリハサミムシ　128
ヤマアリ　126
ヤマトゴキブリ　53,54,58,68,76
ヤンバルクロギリス　108
ユキシリアゲ　131
揺藍　28,29,32,34

ラ　行

卵鞘　55,73,112
卵嚢　72,73,74
理科通信　135
リュウキュウクチキゴキブリ　68
リュウキュウモリゴキブリ　54

輪郭スケッチ　34,85,89,95,99,103,106,144
輪郭トレース　95
鱗粉　96,98
ルリオトシブミ　58
ルリゴキブリ　52,53,76
れきし　63,64,67-70,78,79,111,126-130,132,133
ロットリング　22,85,86,89

ワ　行

ワーカー　76,118
ワモンゴキブリ　54,76

著者略歴
1962 年　千葉県に生まれる。
1985 年　千葉大学理学部生物学科卒業。
　　　　自由の森学園中・高等学校の理科教員を経て、
現在　　沖縄大学人文学部こども文化学科教授。
専門　　植物生態学。

主要著書
『僕らが死体を拾うわけ』(1994 年、どうぶつ社)
『ゲッチョ先生の卵探検記』(2007 年、山と渓谷社)
『ゲッチョ先生の野菜探検記』(2009 年、木魂社)
『おしゃべりな貝』(2011 年、八坂書房)
『生き物の描き方』(2012 年、東京大学出版会) ほか多数。

昆虫の描き方――自然観察の技法 II

発行日―――― 2014 年 7 月 7 日　初版

[検印廃止]

著者―――― 盛口　満(もりぐち　みつる)

デザイン―――― 遠藤　勁

発行所―――― 一般財団法人 東京大学出版会

代表者　渡辺 浩

153-0041　東京都目黒区駒場 4-5-29
電話 03-6407-1069　振替 00160-6-59964

印刷所―――― 株式会社 三秀舎

製本所―――― 牧製本印刷 株式会社

© 2014 Mitsuru Moriguchi
ISBN 978-4-13-063342-0　Printed in Japan

JCOPY 〈(社)出版者著作権管理機構 委託出版物〉
本書の無断複写は著作権法上での例外を除き禁じられています。複写される場合は、そのつど事前に、(社)出版者著作権管理機構 (電話 03-3513-6969、FAX 03-3513-6979、e-mail : info@jcopy.or.jp) の許諾を得てください。

大好評の「ゲッチョ先生」既刊第一弾。生き物を識るためには、まず観察が肝要。さらに理解を深める一助として対象を描きとどめるのが効果的だ。そのノウハウを伝授。

生き物の描き方
自然観察の技法　盛口満

主目次：1．生き物の見方　2．フィールドノート　3．生き物スケッチの技法　4．生き物を描く　5．人と自然の関係など

A5判/並製/162ページ/本体価格2200円+税

東京大学出版会

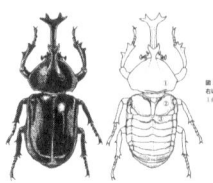